기업의 ESG 성과와 지속 가능성

이 저서는 2024년 대한민국 교육부와 한국연구재단의 지원을 받아 수행된 연구임(NRF-2024S1A5C3A03046579)

This work is supported by the Ministry of Education of the Republic of Korea and the National Research Foundation of Korea(NRF-2024S1A5C3A03046579)

ESG 성과, 소유구조, 재무성과 간의 관계에 대한 실증 분석

기업의 ESG 성과와 지속 가능성

연세대학교 바른ICT연구소 ESG 연구팀

조신 · 이건우 · 김미경

이담북스

'바른' 기업은 과연 '좋은' 성과를 내는가?

ESG에 관심을 갖는 투자자, 경영자, 연구자들이 끊임없이 고민하고 토론해 온 질문입니다. 주지하다시피 ESG는 Environmental, Social, Governance의 머리글자를 딴 용어로, 기업 활동 전반에서 친환경 경영, 이해관계자를 배려하는 사회적 책임, 투명한 지배구조를 함께 고려할 때 비로소 지속가능한 발전이 가능하다는 철학을 담고 있습니다. 사실 이러한 철학은 애초 자본주의 기업이 지향해야 할 기본 원칙에 가깝습니다. 소비자에게 바가지를 씌우고, 근로자와 납품기업을 착취하며, 환경을 오염시키면서까지 단기 이윤을 극대화하는 기업은 결국 사회적 비판과 시장 경쟁에서 살아남기 어렵기 때문입니다.

그러나 이해관계자를 배려하는 경영은 대체로 단기적으로 비용 증가를 수반합니다. ESG 경영을 실천하려면 이해관계자 가치와 이윤을 동시에 창출하겠다는 장기적 관점, 이를 뒷받침하는 혁신, 그리고 상당한 끈기가 요구됩니다. 그럼에도 지난 20~30년간 주주가치 극대화에 치우친 자본주의가 확산되는 과정에서 단기 실적주의가 득세하였고, 자본시장과 경영자들이 이해관계자 이익을 훼손하면서까지 단기 이윤을 추구하는 사례가 일반화된 것 또한 사실입니다. 이 같은 역사적 경험은 "ESG 투자와 ESG 경영은 결국 이윤 감소라는 대가를 치러야만 가능하다"는 회의적 시각을 낳았습니다.

'바른' 기업이 실제로 '좋은' 재무성과를 내는지에 관해서는 그동안 다양한 연구가 축적되어 왔습니다. 다수의 연구는 ESG 투자가 최소한 더 나쁜 재무성과를 초래하지는 않는다는 결과를 제시하고 있으나, 아직 확고한 합의에 이르렀다고 보기는 어렵습니다. 특히 온실가스 감축, 산업 안전 강화, 고용 다양성 확대와 같은 구체적 프로그램 수준에서 개별 ESG 활동이 투자 성과에 어떠한 영향을 미치는지에 대한 실증 연구는 여전히 부족한 실정입니다.

어떤 요인들이 좋은 ESG 성과를 만들어내는가?

ESG 투자와 ESG 경영이 지속가능한 미래를 위해 필수적이라는 전제에 동의한다면, "어떻게 하면 ESG를 활성화할 수 있는가", "그 주요 동인은 무엇인가"라는 질문은 이론과 실무 모두에서 매우 중요한 과제가 됩니다. 그러나 지금까지의 논쟁은 주로 ESG 활동이 기업가치 극대화라는 목표와 조화되는지 여부에 초점을 맞추어 왔습니다. 그 결과 대다수 선행연구는 ESG 성과가 재무성과에 미치는 영향 분석에 집중해 온 반면, 기업의 ESG 활동 강도를 결정하는 요인에 대한 체계적 연구는 2000년대 중반 이후에야 본격화되었습니다.

기업의 주요 의사결정은 대체로 주요 주주와 경영진에 의해 이루어지며, 그들의 인센티브 구조에 크게 좌우됩니다. 이러한 이유로 소유구조 변화가 투자, 연구개발, 다각화, 자본구조 등 기업 행동에 어떤 영향을 미치는지에 대한 연구는 오래전부터 축적되어 왔습니다. 최근에는 ESG 경영이라는 새로운 전략적 선택에 소유구조가 어떤 역할을 하는지에 대한 연구도 활발히 진행되고 있습니다. 그러나 이들 연구 결과는 상충되는 결론을 제시하는 경우가 많아 일관된 방향성을 도출하기 어렵고, 특히 국내 기업을 대상으로 한 연구는 아직 충분하지 않은 상황입니다.

대한민국 기업의 ESG 활동과 주요 성과는 어떠한가?

바른ICT연구소 ESG 연구팀은 이러한 문제의식을 바탕으로 다음과 같은 세 가지 실증 연구를 수행하였습니다.

먼저 제1부에서는 기업의 소유구조가 ESG 성과에 미치는 영향을 분석하였습니다. 보다 구체적으로 대표이사, 대주주, 대주주 및 특수관계인, 기관투자자, 외국인 지분율 등으로 소유구조를 세분화하고, 각 지분 비율 변화가 ESG 성과에 어떠한 영향을 주는지를 실증적으로 검증하였습니다. ESG 성과 지표로는 대다수 선행연구에서 사용했던 ESG 통합 점수뿐 아니라, E/S/G 개별 영역 점수, 더 나아가 12개 하위 지표를 활용함으로써 소유구조와 ESG 성과의 관계를 기존보다 훨씬 입체적으로 살펴보고자 하였습니다.

제2부에서는 근로자 안전 및 보건 수준이 기업 재무성과에 미치는 영향을 분석함으로써, 기업의 ESG 활동과 재무성과의 관계를 보다 미시적 수준에서 정밀하게 검토하였습니다. 특히 근로자 안전 및 보건 수준이 기업 규모와 산업 특성에 따라 큰 차이를 보인다는 점에 착안하여 세분화된 분석을 수행하였고, 두 변수 사이에 단순한 선형 관계를 넘어서는 비선형 관계의 가능성까지 점검함으로써 이론적 · 실무적으로 의미 있는 함의를 도출하였습니다.

제3부에서는 기업의 DEI(Diversity, Equity, Inclusion) 수준이 재무성과에 미치는 영향을 여성의 고용 조건을 중심으로 실증 분석하였습니다. 구체적으로 고용다양성 프로그램, 일·생활 균형, 가족친화경영 등 다양한 DEI 관련 지표와 여성 사외이사 비율, 여성 미등기 임원 비율, 여성 대표이사 존재 여부 등 여성 리더십 지표를 분석 대상에 포함하였습니다. 이를 바탕으로 이들 지표가 기업가치 및 자기자본이익률에 미치는 영향을 산업별·규모별로 검토하여 다양한 시사점을 제시하였습니다.

바른ICT연구소 ESG연구팀은 어떻게 이 연구를 완성하였는가?

조 신 교수는 ESG 연구팀의 총괄 책임자로서 연구팀과 프로젝트를 기획하고, 이번 연구 전체의 방향과 진행 상황을 주기적으로 점검함으로써 연구의 완성도를 높이는 데 핵심적인 역할을 수행하였습니다. 아울러 제1부의 집필을 책임졌습니다. 제2부는 이건우 연구교수가 실증 분석과 집필을 주도하였으며, 제3부 연구는 김미경 연구교수와 조 신 교수가 함께 수행하였습니다. 연구 전 과정에서 자료 수집과 실증 분석을 위해 애쓴 바른ICT연구소 김세훈, 안지현, 임수민, 전제훈 연구원에게도 깊이 감사드립니다.

바른ICT연구소 ESG 연구팀은 ㈜서스틴베스트와의 연구 협약을 통해 이 회사가 축적해 온 방대한 ESG 평가 데이터베이스를 활용할 수 있었습니다. 서스틴베스트는 2006년 국내 최초로 ESG 등급 평가를 시작한 이후 ESG 정보 분석·제공·자문에 특화된 대표적 전문기관으로 자리매김해 왔습니다. 이번 연구협력이 ESG 관련 학술 연구의 활성화와 더불어 연구 결과의 실무적 활용을 촉진하는 계기가 되기를 기대합니다.

이 책이 ESG 투자 및 경영에 대한 독자들의 이해와 관심을 넓히고, '**바른 기업 경영으로 좋은 성과를 추구한다**'는 사회적 공감대 형성에 작은 기여를 할 수 있다면 더 없는 보람이 될 것입니다.

2025년 12월 15일

연세대학교 바른ICT연구소장

김 범 수

안전한 일터, 지속가능한 성장의 조건인가?

- 근로자 안전 및 보건 수준이 기업 재무성과에 미치는 영향을 중심으로

기업의 DEI(Diversity, Equity, Inclusion) 수준이 재무성과에 미치는 영향

- 여성의 고용 조건을 중심으로

기업 소유구조가 ESG 성과에 미치는 영향

제1부

1. 연구 추진 배경

- ESG는 Environmental, Social, Governance의 머리글자를 딴 단어로, 기업 활동에 친환경, 이해관계자를 배려하는 사회적 책임 경영, 지배구조 개선 등 투명 경영을 고려해야 지속가능한 발전을 할 수 있다는 철학을 담고 있음

- 트럼프 행정부의 등장으로 ESG는 큰 타격을 받고 있으나, 현 상황은 영구적 궤도 수정이라기보다는 일시적 궤도 이탈로 판단됨. 궁극적으로 ESG는 지속될 것인데, 물론 이는 투자자나 경영자의 선의 덕분이 아니라 자신의 이익 추구 결과 때문임. 달리 표현하면, 투자자들은 ESG 이슈 자체 해결을 목표로 삼은 것이 아니라 기업의 장기적인 문제를 푸는 것을 목표로 하기 때문임

- 본 연구의 Motivation: ESG 활성화를 위한 기업 소유구조의 중요성

  - ESG 성과가 기업의 재무성과로 이어진다는 전제 하에, 어떻게 ESG를 활성화시킬 수 있을지, 주요 활성화 요인은 무엇인지에 대한 논의는 이론적으로나 실무적으로 매우 중요함

  - 소유구조는 정도 차이는 있지만 기업의 모든 행동과 성과에 영향을 미침. 주주 그룹별(창업자, 경영자, 기관투자자, 외국인 등)로 어느 정도의 지배권을 행사하는지에 따라 투자, 연구개발, 다각화, 국제화, 자본구조 등 기업 행동이 달라지고, 이것이 궁극적으로 기업 성과에 영향을 미치는데, 어떤 선택을 하는지에 따라 각각의 주주 집단에게 돌아가는 편익과 비용이 다르기 때문임

- 이 연구는 ESG 경영이라는 기업의 새로운 전략적 선택에 대해 초점을 맞춤

  - ESG에 대한 사회적 관심이 늘면서 보다 포용적이고 이해관계자를 배려하는 경영 활동을 장려하는 정책과 투자도 늘고 있음

  - ESG 전략에서도 주주 그룹별(창업자, 경영자, 기관투자자, 외국인 등)로 어느 정도 지

배권을 행사하는지에 따라 ESG 선택이 달라지고, 이것이 ESG 성과에 영향을 미침. 즉, ESG 또는 기업의 지속가능경영 활동에 따른 비용과 편익이 주주, 이해관계자 사이에 불균등하게 나누어진다면, 각각의 주주 그룹은 자신의 이익과 일치하는 방향으로 ESG 활동을 장려 또는 억제할 것임

- 그렇다면 소유구조 변화에 따라 기업의 ESG 선택은 어떻게 달라질까? 그리고 이것이 ESG 성과에는 어떤 영향을 미칠까?

  ▶ 예컨대, 대주주는 지분이 늘어나면 ESG를 어떻게 하고 싶을까? 경영자는?

  ▶ 기관투자자와 외국인 주주의 존재는 ESG 성과에 긍정적일까?

2. 연구 설계 및 방법론

- 관련 이론 및 선행 연구에 대한 검토를 바탕으로 기업의 소유구조가 ESG 성과에 어떤 영향을 미치는지, 그리고 산업별, 규모별로는 어떤 차이가 있는지 분석함

- 보다 구체적으로, 소유구조를 대표이사, 최대주주, 최대주주 및 특수관계인, 기관투자자, 외국인 지분율로 구분하여, 다양한 ESG 성과에 이들 소유구조가 얼마나 영향을 주는지 실증 분석하였음

  ▶ 대부분의 기존 연구가 일부 소유구조를 사용한 것과는 달리 고려할 수 있는 소유 구조 변수를 사실상 모두 사용함으로써 종합적인 분석이 가능할 것으로 기대됨

  ▶ ESG 성과 지표 또한 ESG 전체, E/S/G 개별 영역은 물론이고, 이보다 하위 지표인 Category, KPI, Data Point(DP) 레벨 지표 12개를 종속 변수로 사용함으로써 기존 연구보다 훨씬 입체적인 분석을 수행함

  ▶ 또한 이들 사이에 비선형 관계로 형성되어 있는지도 확인하기 위해 소유구조 변수를 연속 변수가 아닌 4분위 더미 변수로 전환하여 회귀분석을 시행함

- 데이터 구성 및 출처:

  ▶ 대상 기업: 유가증권시장 상장기업 (지주회사 제외)

  ▶ 대상 기간: 2017년~2024년

  ▶ 최종 표본: 극단 값을 갖는 관측치(outlier) 21개를 제외하고, 718개 기업, 5,222개 관측

치를 대상으로 불균형 패널을 구축하여 진행

  ▶ 자료 출처: ESG, 재무 자료는 각각 (주)서스틴베스트, Value Search DB 활용

- 분석 방법

  ▶ 패널 데이터의 특성상 일반적으로는 고정효과 모형을 사용하는 것이 바람직하나 본 연구에서는 Pooled OLS 방법을 사용함. 소유 구조는 시간이 흘러도 거의 변화하지 않는 특징이 있으므로, 고정효과 모형으로는 소유구조가 기업 성과에 미치는 영향을 제대로 잡아내기 어렵다는 이유 때문에 적지 않은 연구들이 Pooled OLS 방법을 사용하고 있음

  ▶ 산업, 연도 더미 변수를 사용하여 두 가지 특성을 통제하였음

  ▶ 독립 변수와 통제 변수에 1년 시차를 둠으로써 이들 변수의 시차 효과를 감안하고 내생성 문제를 완화하였음

- 세부 분석 단계

  ▶ 전체 표본 분석: 일차적으로 본 연구의 최종 표본 전체(718개 기업, 5,222개 관측치)를 대상으로 회귀분석 함으로써 전체적인 경향을 파악함

  ▶ 규모별 분석: 자산 규모에 따라 대기업(2조원 이상), 중견기업(5천억원~2조원), 중소기업(5천억원 미만)으로 나누어 기업 규모에 따라서 소유구조-ESG 성과 간의 관계가 달라지는지를 분석함으로써 추가적인 시사점을 도출함

  ▶ 산업별 분석: 마찬가지로 전체 표본을 제조업, 서비스업, 금융업으로 나누어서 회귀분석을 실시하여 산업별 소유구조-ESG 성과 간의 관계를 파악하고자 함

3. 분석 결과의 요약

- 전체적으로 볼 때, 소유구조가 ESG 전체에 미치는 영향과 E/S 영역에 미치는 영향은 비슷한데 비해, G 영역의 결과는 다소 차이가 있음

- 소유구조 변수별 종합

  ▶ '소유-지배 괴리도' 변수는 ESG, E/S/G 영역 모두에서 음(-)의 관계를 보임. 이 변수를 일반적으로 대리인 행동의 지표로 간주한다는 사실을 고려할 때, 소유-지배 괴리도가 큰 기업에서 일관되게 ESG 성과가 부정적으로 나오는 점은 장기적인 지속가능성

확보 관점에서 바람직하지 않음

- ▶ 최대주주 관련 두 변수는, 최대주주 본인 지분이 G 영역을 제외하고는 모두 (+)의 관계를 보이는데 비해, 최대주주 및 특수관계인 지분은 ESG 전체와 G 영역에서 (−) 관계를 보임. 소유-지배 괴리도가 (−)의 관계를 나타낸다는 점을 함께 고려하면 최대주주는 특수관계인 지분을 통해 직 · 간접적으로 영향을 미치는 셈임
- ▶ CEO는 영역에 따라 (−) 관계와 유의하지 않은 관계가 교차하여 나타남
- ▶ 5% 이상 기관투자자는 모든 영역에서 (+) 관계를 보이며, 적극적으로 ESG. 경영을 독려, 지원하고 있음
- ▶ 외국인은 G 영역에 긍정적 영향을 미치는 것을 제외하고는 수동적인 역할을 하는 것처럼 보이지만, 기관투자자 중 상당 수가 외국인이라는 점을 고려해야 함

- 자산 규모별 분석

- ▶ 대기업은 ESG 전체 지표, E/S/G 영역별 지표 모두와의 관계에서 매우 비슷한 결과를 보이고 있음. 한편, 가장 뚜렷한 특징은 전체 표본에 비해 최대주주 변수들의 (−) 관계가 더욱 강화된다는 점임. 이는 대기업의 ESG 평가 점수가 뛰어나지만, 정작 최대주주는 ESG 평가 점수 향상에 긍정적인 영향을 미치고 있지 못하다는 뜻임
- ▶ 중견기업의 분석 결과는 전체 표본에 대한 분석 결과와 대체로 유사함
- ▶ 중소기업에서는 대부분의 소유구조 변수가 미미한 영향을 미치고 있으나, G 영역만큼은 최대주주가 부정적인 입장인 것으로 파악됨

- 산업별 분석

- ▶ 제조업 표본은 모든 영역에서 전체 표본의 경우와 같은 결과를 보임
- ▶ 서비스업과 금융업은 일부 소유구조 변수를 제외하고는 거의 모든 영역에서 소유구조가 ESG 성과에 영향을 미치지 못함

4. 정책, 투자, 전략 관점에서의 시사점

- 소유-지배 괴리도와 대리인 행동

- ▶ 소유-지배 괴리도는 거의 모든 ESG 성과 지표와 음(−)의 관계를 보임으로써, 소유구

조 관점에서 ESG 성과 개선, 나아가 장기적 기업가치 제고에 잠재적인 장애요인으로 인식되고 있음

▶ 정책 관점에서 볼 때, 최근에 행해지고 있는 일련의 상법 개정은 지배주주-소액주주 간에 존재하는 이해관계 충돌을 줄이려는 노력의 일환임. 일부 제도가 장기적인 기업 가치 제고보다 단기적인 이익을 노린 행동주의 펀드에 "악용"될 가능성에 대한 우려도 있는 것은 사실임. 또한 한꺼번에 많은 제도들이 도입됨에 따라, 기업이 개정된 상법의 취지에 맞게 실제 경영을 바꿔 나갈 준비가 부족한 측면도 있어 보임. 그러나 방향성 면에서 볼 때, 정부 정책은 대리인 행동을 줄이고 궁극적으로 기업가치 제고에 도움을 줄 것으로 예상됨

▶ 소액주주 입장에서 가장 현실적인 관심사는 주주환원 확대인데, 밸류업 프로그램, 배 당 관련 세제 개편 등을 시행하고 이것이 자본시장에서 실제로 효과를 보기 위해서는, 자본시장 관계 당국(한국 거래소), 기관투자자 및 기업들의 보다 적극적인 관심과 협력 이 필요함

● **CEO의 보상체계 개선**

▶ CEO가 여러 지표에서 ESG 성과와 음(-)의 관계를 보이는 이유 중의 하나는, 대부분 의 전문경영인이 주식을 전혀 보유하지 않은 상황에서 소수의 최대주주-CEO가 ESG 성과와 (-) 관계를 가지고 있기 때문으로 보여짐

▶ 선진국에서 CEO에게 주식 보상 제도를 도입함으로써 대리인 행동을 줄이려고 노력하 는 점을 감안하면, 기업가치 상승에 필요한 유인 체계를 도입하지 않은 결과가 ESG 경 영을 가로막고 있는 것으로 해석됨. 따라서 CEO 대부분을 차지하는 전문경영인에게 과감한 주식 보상 프로그램을 도입함으로써 CEO-주주 간의 이해관계를 일치시킬 필 요가 있음

▶ 이를 위해 정부는 주식 프로그램을 장려하는 세제 도입 등 다양한 유인책을 도입할 필 요가 있고,

▶ 기관투자자를 중심으로 한 자본시장에서도 기업들이 CEO 보상 체계를 획기적으로 바 꾸도록 유도해야 함

- 기관투자자의 스튜어드십 강화

  ▶ 거의 모든 ESG 지표에서 5% 이상 기관투자자들은 긍정적인 영향을 미치고 있으며, 이는 기관투자자가 이미 다양한 방법의 주주 관여를 통해 기업에 영향력을 행사하고 있음을 뜻함

  ▶ 그러나 주요 선진국에 비해 한국의 연기금, 자산운용사들의 스튜어드십은 아직 약한 편으로 평가됨

  ▶ 국민연금을 중심으로 한 연기금이 앞장서서 스튜어드십을 강화할 때 CEO나 지배주주의 대리인 행동이 적절하게 통제될 수 있을 것임. 다만 국민연금의 투자결정이나 주주권 행사가 정부로부터 독립되어서, 스튜어드십 강화가 불필요한 정치적 논란을 불러일으킬 가능성을 차단하는 것은 반드시 필요함

- 대기업 소유구조와 ESG 성과 기여

  ▶ 대기업은 중소 · 중견 기업에서 비해 모든 영역에서 ESG 평가 점수가 높게 나타나고 있으나, 최대주주는 전체 기업 표본에 비해 ESG 지표와 더 강력한 (-) 관계를 보임. 이는 대기업이 풍부한 자원을 투입해서 ESG 점수를 잘 받고는 있으나, 지배구조가 여기에 기여하지는 못한다는 의미임

  ▶ 한편 현재의 평가 지표가 "돈 많이 벌고 규모가 큰 기업"들에게 유리하게 되어있고, 실제로 ESG 성과가 잘 나고 있는지를 평가하는 데는 한계가 있다는 것을 뜻하기도 함

  ▶ 따라서 투자자는 기업들의 ESG 성과에 관심을 갖되, 정량적인 지표만이 아니라 실제로 기업들이 무엇을 어떻게 하고 있으며, 어떤 성과를 내고 있는지 파악하기 위해 노력을 기울어야 함

  ▶ 또한 ESG 평가 기관도 지배구조 개선을 통한 경영진의 실질적 노력과 성과를 측정할 수 있는 ESG 지표 개발에 힘쓸 필요가 있음

- 금융업 CEO 및 최대주주의 ESG Literacy 향상

  ▶ 대기업의 경우와 유사하게, 금융업도 제조업, 서비스업에 비해 ESG 지표 점수가 높게 나타나고 있으나, 금융업 소유구조는 대부분 ESG 성과 지표와 무관함

  ▶ 높은 점수는 금융 기업이 규모가 크고 자원이 풍부하기 때문이기도 하지만, 금융 당국의 강력한 규제는 소유구조 변화가 ESG 활동에 영향을 줄 여지가 없을 정도로 제약 요

인(binding constraints)으로 작용하고 있을 가능성이 큼

- ▶ 그러나 금융 기업은 ESG 경영 및 투자에서 중요한 중개자 역할을 함. 즉, 투자자(공급자)와 기업(수요자)를 연결하는 과정에서 ESG 펀드, ESG 채권 등 다양한 금융 상품을 중개함으로써 ESG 생태계에서 큰 비중을 차지하고 있음
- ▶ 따라서 금융 기업의 CEO/지배주주는 ESG 투자 및 경영에 대한 이해가 풍부해야 할 뿐 아니라, 금융 기업 자체가 중개자로서 ESG 경영을 적극 시행해야 함

- ● ESG 성과: ESG-washing vs. 기업가치 제고

  - ▶ 투자자, 기업, 정부에서 ESG를 바라보는 시각이 지난 몇 년 간 많이 바뀌긴 했지만, 아직도 높은 ESG 성과는 기업가치를 희생하고 얻은 결과라거나, 더 나아가 경영진의 ESG 성과 추구 자체를 대리인 행동으로 보는 시각이 있음
  - ▶ 그러나 이 연구에서는 다양한 각도의 소유구조 분석을 통해, ESG 성과는 기업가치를 제고하는 길이며, ESG 경영을 소홀히 하는 것이 도리어 대리인 행동이라는 결론을 도출할 수 있었음
  - ▶ 따라서 투자자와 경영자는 이러한 인식을 바탕으로, 단기적인 비용 증가를 초래하더라도 올바른 ESG 경영은 기업가치를 제고하는 확실한 방법이라는 인식을 공유하고, 이를 지지하는 방향으로 ESG 투자와 경영이 이루어지도록 노력해야 함

5. 본 연구의 기여점

- ● 기존 연구의 한계

  - ▶ 여러 소유구조 형태에 따라 지속가능 경영 성과가 어떻게 달라지는지 많은 실증 연구가 이루어졌으나, 이들은 상충되는 결과를 내놓고 있어서 어느 한 방향으로 결론짓기 어려운 상황임. 이 같은 결과는 소유구조와 ESG 활동 간에 연관성이 없어서라기 보다 두 변수 간의 관계를 정확하게 짚어내지 못했기 때문임
  - ▶ 또한 소유구조-ESG 성과 관계를 설명하는 많은 이론이 있는데도 불구하고, 대부분의 논문이 이해관계자 이론 또는 대리인 이론 등 한 가지 이론에 근거해서 가설을 설정함으로써, 실증 분석 결과를 해석함에 있어서 무리하거나 왜곡된 결론을 내리는 경향도

발견됨

- 본 연구는 다음과 같은 면에서 관련 연구에 기여하였음

  ▸ 2017년부터 2024년까지의 유가증권시장 상장기업 패널 데이터를 활용하여 최근의 경영 환경 변화가 반영된 소유구조-ESG 성과 간의 관계를 분석하였음

  ▸ 기존 연구는 종속 변수로 사용하는 ESG 성과 지표가 ESG 전체 점수인 연구가 가장 많고, 일부 E/S/G 영역별 점수를 사용하는 정도였음. E/S/G 영역의 하위 세부 지표를 사용한 연구는 Villalonga et al.(2025) 하나뿐임. 본 연구는 ㈜서스틴베스트의 포괄적인 자료를 활용하여 가장 하위 단계 지표까지도 종속 변수로 활용하였음

  ▸ 소유구조 변수 또한 대표이사, 최대주주, 최대주주 및 특수관계인, 기관투자자, 외국인을 종합적으로 고려하였음

  ▸ 독립변수의 과거 값(t-1기)으로 설정하여, 소유구조가 ESG 성과에 미치는 영향의 지연 효과를 포착하고 내생성 문제를 완화하였음

  ▸ 표본을 산업 집단(제조업, 서비스업, 금융업)과 기업 규모(대기업, 중견기업, 중소기업)별로 세분화하여 분석함으로써, 각 집단별 특성이 소유구조-ESG 성과 간의 관계에 미치는 영향을 규명하고 차별화된 시사점을 제시하였음

  ▸ 소유구조 변수를 4분위 더미 변수로 전환하여 사용함으로써, 분위별 수준 차이가 ESG 성과에 미치는 영향을 비교하여 비선형적인 관계의 가능성까지 탐색함

I

서론

1. 왜 ESG인가?

- ESG는 Environmental, Social, Governance의 머리글자를 딴 단어로, 기업 활동에 친환경, 이해관계자를 배려하는 사회적 책임 경영, 지배구조 개선 등 투명 경영을 고려해야 지속가능한 발전을 할 수 있다는 철학을 담고 있음

- ESG는 그 이전부터 존재했던 지속가능투자의 개념을 이어받아 2010년대부터 본격적으로 활성화되었음. 투자자들이 ESG에 관심을 가지게 된 가장 중요한 계기는 자본주의 위기와 지구온난화 때문임

  ▶ 신자유주의 흐름이 가속화되면서, 기업은 단기이윤을 추구하는데 급급하게 되었고, 소득 불평등이 심화되는 등 자본주의의 문제가 심각해졌음. 그러다가 2008년 국제금융 위기를 결정적 계기로, 투자자들은 현재와 같은 모습의 자본주의는 더 이상 지속가능하지 않다는 위기감을 느끼게 된 것임

  ▶ 지구온난화는 ESG 투자의 보다 직접적인 계기를 제공하고 있음. 연금 · 보험 등 장기 투자자들은 수십 년 후에도 연금과 보험금을 지급해야 하는데, 지구온난화가 지속되면 투자 수익률을 올릴 방법이 없기 때문에 지구온난화의 주범인 온실가스 감축에 앞장서고 있음

- 트럼프 행정부의 등장으로 ESG는 큰 타격을 받고 있음. 그러나 사실 2023년부터 ESG 열풍은 다소 꺾이기 시작했음. 러시아의 우크라이나 침공 이후 화석연료 수요는 오히려 증가하였고, 기업들의 'ESG 워싱(ESG-washing)' 행태에 대한 비판이 나오면서 ESG는 한때 유행이었을 뿐이라는 우려의 목소리도 커졌음. ESG가 과장된 기대와 마케팅으로 부풀려졌던 정점(hype)을 지나고 자연스럽게 거품이 빠지고 후퇴하는 단계였는데, 트럼프 정부의 등장은 이러한 후퇴를 좀 더 심화시키고 연장할 것임

- 그러나 현 상황은 영구적 궤도 수정이라기보다는 일시적 궤도 이탈로 판단됨. 궁극적으로 ESG는 지속될 것인데, 물론 이는 투자자나 경영자의 선의 덕분이 아니라 자신의 이익 추구 결과 때문임. 달리 표현하면, 투자자들은 ESG 이슈 자체 해결을 목표로 삼은 것이 아니라 기업의 장기적인 문제를 푸는 것을 목표로 하기 때문임. 이런 관점은 장기적 관점의 필요성과 그 편익이 비교적 분명한 환경 문제에만 적용되는 것이 아니라, 예컨대 이해관계자

배려, DEI처럼 다소 논쟁적인 문제에서도 동일함. 정치적으로만 옳은 척하는 것이 아니라면, DEI를 추구하는 기업은 구성원을 더 행복하게 하고, 나아가 조직의 경쟁력이 높아진다는 사실은 다양한 연구를 통해서 확인되고 있음

2. 기업 소유구조–ESG 성과 간의 관계의 중요성

- 소유구조-ESG 성과 간의 연구 활성화 계기
  - ▶ 소유구조가 기업행동이나 성과에 미치는 영향에 관한 연구는 진작부터 활발하게 이루어졌지만, 소유구조와 ESG 활동 관계를 분석하기 시작한 것은 비교적 최근임
  - ▶ 초기에는 ESG/CSR(Corporate Social Responsibility, 기업의 사회적 책임) 활동이 과연 이윤 극대화(=기업가치 극대화)라는 기업 목표와 합치하는 것인지 여부, 즉 ESG/CSR의 당위성에 논쟁의 초점이 맞춰지다 보니, 기업의 ESG 활동 강도를 결정하는 요인이 무엇인지에 대해서는 논의가 별로 없다가, 1980년대 이후에야 조금씩 소유구조가 중요한 결정요인이 될 수 있다는 연구들이 나오기 시작함
  - ▶ 한편으로는 이 시기가 경제학 및 경영학에서 대리인 이론에 관한 관심이 고조된 때라서 소유구조가 기업 활동 및 성과에 미치는 영향에 관한 연구가 본격화되었고, 이는 ESG 활동에 대한 관심으로도 이어졌음
  - ▶ 그러나 보다 본격적인 연구는 2000년대 중반 이후 활성화되기 시작함
- 본 연구의 Motivation: ESG 활성화를 위한 기업 소유구조의 중요성
  - ▶ ESG 성과가 기업의 재무성과로 이어진다는 전제 하에, 그렇다면 어떻게 ESG를 활성화시킬 수 있을지, 주요 활성화 요인은 무엇인지에 대한 논의는 이론적으로나 실무적으로 매우 중요함
  - ▶ 소유구조는 정도 차이는 있지만 기업의 모든 행동과 성과에 영향을 미침
  - ▶ 주주 그룹별(창업자, 경영자, 기관투자자, 외국인 등)로 어느 정도의 지배권을 행사하는지에 따라 투자, 연구개발, 다각화, 국제화, 자본구조 등 기업 행동이 달라지고, 이것이 궁극적으로 기업 성과에 영향을 미치는데, 어떤 선택을 하는지에 따라 각각의 주주집단에게 돌아가는 편익과 비용이 다르기 때문임

▸ 물론 주주들의 공통 목표는 장기적인 이윤극대화(=기업가치 극대화)이지만, 개별 주주의 여건과 기호에 따라 이윤극대화에서 일정한 정도 벗어나는 대리인 행동(agency behavior)을 하게 됨

● 이 연구는 ESG 경영이라는 기업의 새로운 전략적 선택에 대해 초점을 맞춤

▸ ESG에 대한 사회적 관심이 늘면서 보다 포용적이고 이해관계자를 배려하는 경영 활동을 장려하는 정책과 투자도 늘고 있음

▸ ESG 전략에서도 주주 그룹별(창업자, 경영자, 기관투자자, 외국인 등)로 어느 정도의 지배권을 행사하는지에 따라 ESG 선택이 달라지고, 이것이 ESG 성과에 영향을 미침. 즉, ESG 또는 기업의 지속가능 경영 활동에 따른 비용과 편익이 주주, 이해관계자 사이에 불균등하게 나누어진다면, 각각의 주주 그룹은 자신의 이익과 일치하는 방향으로 ESG 활동을 장려 또는 억제할 것임

● 그렇다면 소유구조 변화에 따라 기업의 ESG 선택은 어떻게 달라질까? 그리고 이것이 ESG 성과에는 어떤 영향을 미칠까?

▸ 예컨대, 대주주는 지분이 늘어나면 ESG를 어떻게 하고 싶을까? 경영자는?

▸ 기관투자자와 외국인 주주의 존재는 ESG 성과에 긍정적일까?

3. 보고서의 구성

● 본 보고서는 다음과 같이 구성됨

● II. 장에서는 먼저 문제 제기 및 연구 배경을 살펴 봄

▸ ESG의 정의와 특징을 자세히 살펴보고, ESG에 앞서 등장했던 유사한 개념인 CSR과는 어떤 차이가 있는지 비교함

▸ ESG를 이해하는데 필요한 다양한 이론들, 대표적으로 이해관계자 이론, 대리인 이론을 심층 분석하고 본 연구에서의 시사점을 도출함

▸ 국내·외의 대표적 선행 연구 리뷰를 통해 지금까지의 연구 결과 및 한계점을 파악하여 본 연구의 차별적 방향성을 제시함

▸ 끝으로 서스틴베스트의 사례를 중심으로 ESG 평가 지표 및 방법론을 살펴봄

- III. 장에서는 실증 분석을 통해 소유구조와 ESG 성과 간의 관계 및 시사점을 도출함

  ▸ 먼저 연구 문제 및 연구 모형, 방법론을 제시하고, 기술 통계량을 살펴봄으로써 표본의 특징을 이해함

  ▸ 다양한 소유구조(CEO, 최대주주, 소유-지배 괴리도, 기관투자자, 외국인)를 독립변수로 사용하고,

  ▸ 종속변수인 ESG 성과 지표로는 ESG 전체-E/S/G 개별 영역-E/S/G 하위의 12개 세부 지표를 사용함으로써 종합적이고 다각적인 분석을 시행함

- IV. 장에서는 결과의 요약 및 시사점을 제시함으로써 보고서를 마무리함

II

문제 제기 및 연구 배경

1. 관련 이론 검토

1.1 ESG란 무엇인가?

- ESG의 정의
  - ESG는 Environmental, Social, Governance의 머리글자를 딴 단어로, 기업 활동에 친환경, 사회적 책임 경영, 지배구조 개선 등 투명 경영을 고려해야 지속가능한 발전을 할 수 있다는 철학을 담고 있음
  - ESG는 ESG 투자, ESG 경영이란 맥락에서 사용됨
    - ESG 투자는 투자 의사결정 과정에서 기업의 재무 실적뿐 아니라, 기업 가치와 지속가능성에 영향을 주는 ESG 등의 비재무적 요소를 고려하는 것, 그리고 기업들이 ESG를 중시하도록 독려하는 것을 목표로 함
    - ESG 경영은 이러한 ESG 투자 흐름에 맞추어, 이윤 극대화만을 추구하는 것이 아니라, 환경 · 사회 문제 해결에 기여하고 기업지배구조를 개선하는 데 노력하는 경영 패러다임을 말함
  - ESG가 새롭게 등장한 개념은 아니고, 지난 수십 년간 비슷한 움직임이 있었음
    - 자본시장에서는 사회책임 투자, 지속가능 투자 등이 진작부터 있었으며,
    - 기업들도 사회공헌, 기업의 사회적 책임이라는 이름 아래 사회 문제 해결에 기여하려고 노력해 왔음
- ESG의 특징 (조 신, 2021)
  - [특징1] ESG는 투자자와 자본시장으로부터 촉발
    - 물론 ESG 문제 해결은 궁극적으로 기업을 통해 이루어지기 때문에 'ESG 경영'이 중요함. 그러나 투자자가 기업의 ESG 활동을 장려하지 않으면 ESG 경영이 순조롭게 이루어질 수 없을 것임
    - 이런 이유에서 기관투자자들은 기업들이 ESG 이슈 해결에 앞장서라고 독려와 압박을 가하고 있음. 실제로 그들은 자신들의 영향력을 행사하기 위해서, 경영진과의 대화, 공개서한, 주주제안, 이사진에 대한 신임 투표 등 다양한 방식을 동원하고 있음
    - 이런 점에서, ESG는 투자자보다 기업의 역할을 강조하는 사회적 책임론, 즉

Corporate Social Responsibility(CSR)과는 차이가 있음

▶ [특징 2] 투자 수익률 중시

- 투자자들이 ESG를 주도하다 보니, 당연히 '투자 수익률을 중시한다'는 점이 ESG의 또 다른 특징임
- 투자자가 수익률을 중시한다는 건 어쩌면 당연하지만, ESG는 이전의 사회책임 투자나 지속가능 투자와는 결이 다름
- ESG라는 용어는 2004년 UN Global Compact(2004)가 출간한 리포트인 "Who Cares Wins"에서 처음 사용되었음. 그런데 이 제목이 상징적으로 보여주듯이, 기업들이 ESG 문제를 잘 해결하면 장기적 재무성과도 좋아진다는 실증론적 메시지를 던지고 있음
- 이에 비해 사회책임 투자는 도덕적 가치관에 뿌리를 두고 있으며, 여기에 어긋나는 산업이나 제품에 투자하지 않음. 따라서 사회책임 투자자들은 사회적 가치 달성을 위해 어느 정도 재무성과를 희생하는 것은 당연하다고 생각할 수 있음

▶ [특징3] 인센티브 합치성 추구

- 인센티브 합치성(incentive compatibility)은 기업이나 투자자에게 ESG를 강요하는 것이 아니라, 이것이 당신들에게도 이익이라고 강조한다는 의미
- 연기금 같은 기관투자자들은 지속가능성을 추구하지 않으면 장기적 수익성이 위험하다는 것을 인지하고 ESG에 관심을 갖기 시작했음
- 개인투자자들도, 특히 환경 문제에 관심이 많고 공정한 사회를 중시하는 밀레니얼 세대를 중심으로, 자신의 자산이 ESG 활동을 잘 해내는 기업에 투자되기를 희망하는 사람들이 늘고 있음
- 기업 경영자 입장에서도 이해관계자들의 요구에서 시작된 CSR에 비해 주주의 ESG 장려, 특히 단기 실적보다는 장기 실적을 중시하는 경향은 바람직한 방향이라 할 수 있음
- 이처럼 ESG 참여자들은 투자자나 기업 모두 자신에게 이롭기 때문에 ESG에 적극적임. 종종 ESG를 "착한 투자자와 선한 기업의 만남"이라고 표현하는 경우가 있는데, 이는 ESG의 본질을 잘못 이해한 것임. 그보다는 "자기 이익을 챙기는 똑똑한 투자자와 기업의 만남"이라는 표현이 더 정확할 것임

- 왜 지금 ESG인가?

  ▶ 투자자들이 ESG에 관심을 가지게 된 가장 중요한 계기는 자본주의 위기와 지구온난화 이 두 가지임

  ▶ 첫째, 사회주의 체제가 붕괴된 이후에 신자유주의 흐름이 가속화되면서 기업은 단기 이윤을 추구하는데 급급하게 되었고, 소득 불평등이 심화되는 등 자본주의의 문제가 심각해졌음. 그러다가 2008년 국제금융위기를 결정적 계기로, 투자자들은 현재와 같은 모습의 자본주의는 더 이상 지속가능 하지 않다는 위기감을 느끼게 되었음

  ▶ 둘째로, 지구온난화는 ESG 투자의 보다 직접적인 계기를 제공하고 있음. 연금 · 보험 등 장기투자자들은 수십 년 후에도 연금 및 보험금을 지급해야 하는데, 지구온난화가 지속되면 투자수익률을 올릴 방법이 없기 때문에 지구온난화의 주범인 온실가스 감축 에 앞장서고 있음

1.2 CSR과 이해관계자 이론

- ESG가 본격화되기 이전에 이미 이와 유사하게 기업의 사회적 책임을 강조하는 CSR이라 는 개념이 오래 전부터 존재했음

- 유럽연합 공동위원회(European Commission, 2025)에 따르면,

  ▶ "CSR은 '사회에 미치는 영향에 대한 기업들의 책임'으로 정의할 수 있다. 그리고 기업 들이 사회적 책임을 다한다는 것은 (1) 기업 전략과 경영에 사회, 환경, 윤리, 소비자, 인권 문제를 함께 고려하며, (2) 관련 법령을 준수한다는 의미이다."

  ▶ CSR이란 용어는 1953년에 미국 경제학자 Howard Bowen에 의해 처음으로 명명되었 으나, 이 개념이 널리 쓰이기 시작한 것은 1970년대 이후임. (Thomas Insights, 2019)

- 그러면 기업이 사회적 책임을 수행하는 CSR 활동은 무엇이며, 이는 ESG 활동과는 어떤 관계에 있는가? 사회적 책임이 기업의 주된 목적이고 이윤은 완전히 무시해도 된다는 사 람은 없을 것이기에, 사회적 가치와 이윤을 함께 추구해보자는 지향점은 CSR과 ESG가 같음. 그러나 CSR과 ESG를 촉발하는 지점이 다르고, 지속가능성, 즉 인센티브 합치성 면 에서도 두 접근 방법은 다소 차이가 있음

- CSR 활동의 특징
  - 첫째, CSR은 투자자가 아닌 기업의 행동에 초점을 두고 있음
    - 즉, 투자자들이 경영자에게 CSR을 요구하는 것이 아니라, 환경 단체, 소비자 단체, 노조 등 이해관계자들이 기업시민(corporate citizenship)이라는 표현을 쓰면서 기업에게 사회적 책무를 부여하였음
    - 특히 1970년대 이후 오랫동안 "기업이 선량한 기업시민이 되기를 원하는 사회의 기대에 부응하는 활동", 즉 자선적 활동으로서의 CSR이 강조되었음. 이처럼 CSR은 자본시장의 변화를 전제로 하지는 않고, "착한 기업으로의 재탄생"을 전제로 함
  - 둘째, CSR 활동을 수행하면 일반적으로 비용이 증가하고, 그에 상응하는 이윤 감소를 수반함
    - 물론 CSR 학계에서는 이해관계자를 배려하는 CSR 활동을 '전략적'으로 잘 해낸다면, 비용이 단기적으로는 증가하더라도 장기적으로 이윤 증대에 도움이 될 것이라고 주장하고 있음
    - 이것이 뒤에서 언급할 이해관계자 이론(stakeholder theory)의 핵심 논리인데, 실제 이윤 증대에 도움이 될지는 실증 분석의 이슈임
  - 셋째, CSR 활동이 장기적 수익성 달성을 명시적으로 목표하는 것도 아님
    - 물론 학계에서는 CSR이 지속가능성 확보에 도움이 된다고 주장하지만, CSR 활동가나 이해관계자들이 장기적 수익성을 명시적인 목표로 삼지는 않는 것으로 판단됨
    - 즉, ESG 투자가 장기적 수익률 상승을 가져온다고 투자자들이 믿고 기업의 ESG 활동을 의도적으로 장려하는데 비해, CSR 활동에서는 관련자들이 – 이해관계자, 정부, 기업 – 장기적 이윤 증가를 목표로 단기 이윤 감소를 무릅쓰고 CSR 활동을 하는 건 아님
  - 이처럼 CSR 활동은 목표, 참여자의 이해관계, 프로세스, 인센티브 시스템 등 전반적인 메커니즘이 장기적 수익성을 극대화하도록 설계되어 있지 않음
- '전략적' CSR과 이해관계자 이론
  - 경영학계에서 최근에 강조되는 '전략적' CSR의 개념은 1984년 Freeman의 '이해관계자 이론'에서 시작되어서 최근까지 다양한 이론으로 발전되어 오고 있음

▶ 이해관계자 이론은 (1) 이해관계자에 대한 부의 재분배와 (2) 이해관계자에 대한 중요한 의사결정 권한의 재분배에 관한 이론임. 기본적으로 기업 활동의 수혜자는 주주가 아니라 이해관계자여야 하며, 다양한 이해관계자에게 더 많은 의사결정 권한이 주어져야 한다는 것이 Freeman의 주장임 (김종대 외, 2016)

▶ 물론 Freeman은 사회적 책임에 대하여 단순한 사회책임 이슈가 아니라 실질적인 전략 이슈를 다루어야 하며, 다음과 같이 부의 재분배보다는 부의 창출이 더 중요함을 강조하고 있음(Freeman et al., 2007)

  "기업과 이해관계자 관리에 관한 일반적인 사고는 대체로 가치 분배에 관한 질문을 제기한다: 기업 활동의 부담과 혜택을 이해관계자 간에 어떻게 분배할 것인가? 그러나 이 책은 기업경영자들에게 가치창조에 관한 질문을 대신 제기하도록 도와준다: 어떻게 우리 이해관계자 모두에게 가능한 많은 가치를 창출할 것인가?"

▶ 이처럼 Freeman은 부의 창출이 더 중요하다는 것을 강조하였으며, 따라서 이해관계자 관리에 있어서 전략적 접근을 강조한 것으로 평가받고 있음. 즉, 이렇게 함으로써 기업이 이해관계자와의 갈등을 해소하고 사회 제도 및 환경에 보다 잘 적응하게 되고, 따라서 CSR은 기업의 지속가능성 확보에 도움이 된다는 것이 그의 핵심 메시지임

● 이해관계자 이론과 이해관계자 자본주의(stakeholder capitalism)

▶ ESG가 대두되면서 이해관계자 자본주의라는 개념도 많은 관심을 받고 있으며 거의 동의어로 사용되기도 함

▶ 이해관계자 자본주의는 다양한 스펙트럼을 가지고 있지만, ESG와 비교적 합치되는 개념은 "기업의 장기적인 주주가치 극대화를 위해서 경영자가 이해관계자들의 이익을 잘 배려해야 한다"는 주장임

▶ 사실 이 주장은 이해관계자에게 합당한 보상을 하는 것을 전제로 하는 자본주의 기업들이 원래부터 추구해야 하는 바임. ESG 이론에서는 기업이 환경, 사회, 거버넌스 전반에 걸쳐서 지속가능성을 확보하는 활동이 기업의 목적인 장기적 기업 가치 극대화에 합치하는 방향이라는 점을 강조하고 있음. 예컨대 소비자에게 바가지를 씌우고 근로자와 납품 기업을 착취하며 환경을 오염시켜 가면서라도 단기 이윤을 극대화하는 기업은 장기적으로 사회의 비판을 못 이기거나 시장에서 경쟁력을 잃어서 살아남기 힘들 것

임. 따라서 장기적 이윤 극대화(=기업 가치 극대화)라는 목표 달성을 위해서 ESG 경영
이 반드시 필요함

▶ 실제로는 지난 20-30년 간 극단적인 주주 자본주의를 추구하는 과정에서 단기 실적주
의가 득세했고, 자본시장과 경영자들이 이해관계자 이익을 참해해서라도 단기 이윤을
극대화하는 사례가 일반화되었던 것이 사실임. 그러나 이는 주주 자본주의의 이상적인
모습과 거리가 멀고 기업의 장기적 경쟁력을 훼손하는 근시안적인 태도로서, 이에 대
한 반성으로 ESG 투자가 본격화된 것임

▶ 이런 점을 고려할 때, 이해관계자 이론이 반드시 CSR하고만 연계되어 있는 것은 아니
며, ESG에서도 수용 가능한 이론임. 다만 이해관계자 이론이 맞느냐, 즉 CSR/ESG 경
영을 통해서 이윤이 증대되느냐 하는 것은 실증 분석의 이슈임

1.3 대리인 이론(agency theory)과 소유구조의 중요성

● 대리인 이론이란 무엇인가?

▶ 경영자(CEO)와 주주, 지배주주와 외부주주 간의 이해관계 충돌 문제는 Berle and
Means(1932)가 소유와 경영이 분리된 현대 기업의 문제를 제기한 이래, 경제 · 경영학
자와 정책 당국자의 지속적인 관심사였음. 특히 Jensen and Meckling(1976) 이후로 기
업에서 경영자 vs. 주주, 지배주주 vs. 외부주주 간에 발생하는 이해관계의 불일치는 중
요한 연구주제로 부각됨

▶ 이러한 이해관계 불일치는 기업에서 소유와 경영이 분리됨에 따라 경영자가 많은 재량
권을 가지게 되고, 따라서 그들이 주주의 이익보다는 자신의 이익을 위해서 행동하는
경향이 있기 때문에 발생함

▶ 경영자의 이러한 행동을 대리인 문제(agency problem), 그리고 이로 인한 기업가치의
손실을 대리인 비용(agency costs)이라고 부름

▶ 한편 강력한 지배주주가 존재하는 경우, 이 지배주주는 경영자를 감시 · 통제하는 역할
을 하지만, 동시에 외부주주와의 관계에서는 자신의 지배권을 이용하여 다른 주주의
이익과 기업 가치를 희생하면서 자신의 이익을 추구할 유인이 있음. 이처럼 지배주주
는 경영자-지배주주-외부주주 3자 간에 중첩적인 대리인 관계를 형성함

- 대리인 비용의 통제 가능성

  - ▶ 많은 이론 및 실증 연구에 따르면, 대리인 비용의 크기와 이것이 기업 성과에 미치는 영향의 정도는 경영자나 지배주주에 대한 다양한 통제 장치(control mechanism)가 얼마나 잘 작동하는지에 달려있으며, 특히 주식 소유구조가 대리인 비용에 큰 영향을 미치는 것으로 나타남

  - ▶ 예컨대 경영자가 주식을 소유하면, 주주이익에 반하는 행동을 했을 때 그 결과를 경영자도 공유하게 되기 때문에 주주-경영자간 이해관계 충돌은 줄어들 수 있음

  - ▶ 많은 연구들은 경영자의 주식 소유(management stockholding)가 다양한 의사결정 영역에서 대리인 비용을 줄이는데 기여하고 있음을 보여주고 있음(Jensen and Meckling, 1976; Ang et al., 2000; Singh and Davidson, 2003)

- 이해일치가설 vs. 경영자 안주 가설

  - ▶ 그러나 경영자 및 지배주주의 지분율 변화가 기업 성과에 미치는 영향에 대해서는 대립되는 두 가설이 있음(조 신 외, 2018)

  - ▶ 먼저, 전통적인 대리인 이론 관점에서 경영자 또는 지배주주 지분이 증가할수록 외부 주주와 이해가 일치한다는 이해일치 가설(incentive alignment hypothesis)이 있음

    - • 이 가설에 따르면, 경영자/지배주주 지분이 증가할수록 이들이 기업가치 극대화에서 일탈하여 자신의 사적 이익을 추구하였을 때 발생하는 비용에서 자기 부담분이 증가하기 때문에 기업 자산을 낭비할 가능성이 감소함

    - • 따라서 경영자/지배주주 지분이 증가할수록 기업가치가 증가하고, 궁극적으로 지분율이 100%에 가까워질수록 대리인 비용은 0에 근접함

  - ▶ 반면 경영자 안주가설(managerial entrenchment hypothesis)에 따르면 경영자/지배주주 지분은 주주 이익보다는 자신의 사익을 추구할 수 있는 재량권을 부여하기 때문에, 이들의 지분이 증가할수록 기업가치가 감소할 수 있음 (Demsetz, 1983; Fama and Jensen, 1983)

    - • 즉, 경영자 또는 지배주주 지분이 일정 수준을 넘으면 내부 통제 메커니즘인 이사회를 지배할 수 있고, 더 나아가 M&A 시장 등 외부 통제 메커니즘의 작동 또한 어려워지기 때문에 경영자/지배주주가 자신의 이익을 추구하는 것이 보다 용이해짐

- 소유-지배 괴리도와 대리인 비용

  - ▶ 한편, 많은 기업에서 지배주주 개인이 소유한 지분과 계열사 등 특수관계인이 소유한 지분을 통해 지배권을 행사하는 지분의 차이가 큰데, 이런 소유-지배 괴리도가 클수록 지배주주의 개인적 이익 추구가 더 심화될 수 있음(La Porta et al., 2002; Lemmon and Lins, 2003; 최향미 · 조영곤, 2011)

  - ▶ 지배주주가 피라미드 형식이나 순환 출자를 통해 적은 지분으로 기업을 지배하는 경우, 기업 자산을 활용함으로써 얻는 개인적 이익에 비해 자신이 부담하는 비용은 보유 지분에 한정되기 때문임

  - ▶ 여기서의 사익 추구는 단지 경영자가 직장에서 누리는 사적 소비를 늘리는 정도가 아니라, 자신의 지분율이 높은 기업으로 일감을 몰아주거나(Chang, 2003), 소유 기업 간 내부거래 시에 낮은 거래가격을 적용하여 이윤을 높여주는 행동을 할 수 있기 때문에 그 규모가 매우 클 수 있음

- 기관투자자와 외국인 주주의 역할

  - ▶ 한편 지배주주는 아닐지라도 경영자나 지배주주에 대한 통제 메커니즘으로서 기관투자자와 외국인 주주의 역할은 중요함

  - ▶ 기관투자자

    - 연기금 및 자산운용사 같은 기관투자자는 기업 활동을 계속 모니터링하고 구체적인 행동을 실천토록 할 힘을 가지고 있음

    - 주주로서 경영진과의 대화, 공개서한, 주주 제안, 주총 표결 등의 수단을 통해 기업 행동에 관여할 수 있기 때문임

    - 특히 기업가치 극대화에 반하는 대리인 행동이 심하다고 판단할 경우에는 해당 경영진의 연임에 반대하거나 해임을 요구함으로써 경영진의 책임을 물을 권한을 가지고 있음

  - ▶ 외국인 주주

    - 외국인 주주 중 적지 않은 지분은 외국인 기관투자자가 보유한 것이어서 기관투자자와 중복이 있을 수 있지만, 소액 외국인 주주들도 기업 지배구조, 이익의 주주환원 문제 등에 민감하기 때문에 대리인 문제가 발생하는 기업의 주주총회에서 적극

적으로 의결권을 행사하거나, 소극적으로는 주식 매각을 통해서 기업의 경영 활동에 영향을 미칠 가능성이 큼

- 따라서 소유구조 관점에서 외국인 주주 지분은 중요한 고려 요인임

1.4 기업 소유구조와 ESG 성과 간의 관계

- 지금까지의 논의를 요약하면, 소유구조는 정도 차이는 있지만 기업의 모든 행동과 성과에 영향을 미침

  ▶ 주주 그룹별(창업자, 경영자, 기관투자자, 외국인 등)로 어느 정도의 지배권을 행사하는지에 따라 투자, 연구개발, 다각화, 국제화, 자본구조 등 기업 행동이 달라지고, 이것이 궁극적으로 기업 성과에 영향을 미치는데, 어떤 선택을 하는지에 따라 각각의 주주 집단에게 돌아가는 편익과 비용이 다르기 때문임

  ▶ 물론 주주들의 공통 목표는 장기적인 이윤극대화(=기업가치 극대화)이지만, 개별 주주의 여건과 기호에 따라 이윤극대화에서 일정한 정도 벗어나는 대리인 행동(agency behavior)을 하게 됨

- 이 연구는 ESG 경영이라는 기업의 새로운 전략적 선택에 대해 초점을 맞춤

  ▶ ESG에 대한 사회적 관심이 늘면서 보다 포용적이고 이해관계자를 배려하는 경영 활동을 장려하는 정책과 투자도 늘고 있음

  ▶ ESG 전략에서도 주주 그룹별(창업자, 경영자, 기관투자자, 외국인 등)로 어느 정도의 지배권을 행사하는지에 따라 ESG 선택이 달라지고, 이것이 ESG 성과에 영향을 미침. 즉, ESG 또는 기업의 지속가능경영 활동에 따른 비용과 편익이 주주, 이해관계자 사이에 불균등하게 나누어진다면, 각각의 주주 그룹은 자신의 이익과 일치하는 방향으로 ESG 활동을 장려 또는 억제할 것임

- 그렇다면 소유구조 변화에 따라 기업의 ESG 선택은 어떻게 달라질까? 그리고 이것이 ESG 성과에는 어떤 영향을 미칠까?

  ▶ 대주주는 지분이 늘어나면 ESG를 어떻게 하고 싶을까? 경영자는?

  ▶ 기관투자자와 외국인 주주의 존재는 ESG 성과에 긍정적일까?

1.5 높은 ESG 성과는 좋은 것인가?

- 지금까지의 논의는 기업의 ESG 성과가 – 실제로는 ESG 평가 점수가 – 좋으면 장기적인 재무성과에 도움이 되기 때문에 기업에 좋은 것이라는 암묵적인 전제를 바탕으로 하고 있음. 그러면 과연 ESG 평가를 잘 받았다고 해서 기업에 도움이 되는가?

- 이해관계자 이론은 ESG 성과와 재무성과 간의 관계에 대해서 대체로 긍정적인 견해를 가짐

  ▶ 이해관계자 이론에 따르면 기업이 환경, 사회, 거버넌스 전반에 걸쳐서 이해관계자를 배려하는 것이 이해관계자와의 갈등을 해소하고 사회 제도 및 환경에 보다 잘 적응하는 길이며,

  ▶ 결과적으로 기업의 지속가능성을 확보함으로써 기업의 목적인 장기적 기업 가치 극대화에 합치하는 방향이라는 점을 강조하고 있음

- 그러나 대리인 이론에서는 ESG 성과가 좋은 것일 수도 있고 아닐 수도 있음

  ▶ 이는 ESG 활동이 경영자나 지배주주의 사익 추구 수단이 되는지 여부에 달린 것인데, 이들의 대리인 행동이 적절하게 통제되는 메커니즘이 마련되어 있다면 해당 기업의 ESG 성과는 재무성과로 연결될 수 있을 것임

  ▶ 그런데 소유구조가 이들의 인센티브에 영향을 주니까, 결국 소유구조 변화에 따라 그들의 인센티브, 그리고 궁극적으로 행동이 어떻게 달라지는지 봐야 함

- 결론적으로 ESG 성과가 재무성과로 연결되는지 여부는 실증 분석의 대상임

- ESG 성과와 재무성과 간의 관계에 대한 실증 분석 결과

  ▶ 연구자, 자산 운용사, 컨설팅 기업 등이 ESG 투자의 재무적 성과에 대해서 수많은 연구를 내놓았으나 단정적인 결론에 도달하지는 못했음

  ▶ 초기에는 부정적 견해를 가진 연구도 많았지만, 최근에는 ESG 투자와 재무성과 간에 적어도 음이 아닌(non-negative) 관계가 존재함을 보여주는 연구가 대세임

  ▶ 대표적으로 Friede et al.(2015)은 ESG 투자와 수익률의 관계에 대한 2,000여개 선행 연구를 분석하였는데, 이들에 따르면 불과 8%의 연구만이 ESG 투자가 투자 수익률에 부정적 영향을 미쳤다는 결론에 도달했고, 63% 연구는 긍정적 영향을, 나머지 30% 가까운 연구는 특별한 영향을 미치지 않았다는 결과를 보고하였음

▶ 보다 최근에 Whelan et al.(2021)은 2016년부터 2020년까지 발표된 245개 논문을 분석한 결과, 투자자 관점과 경영자 관점에 따라서 차이가 있지만 긍정적인 결론이 33~58%인데 비해, 부정적 결론은 6~14%에 불과했음

▶ 종합해 볼 때, ESG 투자가 투자 수익률을 높이는지에 대한 대답은 여전히 회색 지대에 있지만, ESG 요인들을 포함시키더라도 투자 성과를 거의 희생할 필요가 없다는 정도의 잠정적 결론에 이를 수 있음

- ESG-Washing: 여전히 나쁜 ESG 활동은 있다.

  ▶ 개별 ESG 활동을 평가할 때, 기업가치를 높이는 활동, 그럴듯해 보이기는 하나 기업가치에는 별 도움이 안되는 활동, 기업가치를 훼손하는 활동이 있을 수 있음

  ▶ 사회적 규범과 압력에 대한 정당성을 얻기 위해 때로 기업은 실질적 변화가 없는, 보여주기 위한 ESG 활동을 행할 가능성이 충분함. 예컨대 실제로 온실가스 배출 저감 성과는 없는데도 불구하고, 온실가스 목표는 그럴듯하게 세우고, 프로세스 매뉴얼을 잘 만들어 놓고, 국제기구 등 외부 협력 활동은 열심히 하는 경우가 이런 활동에 해당함

  ▶ 이처럼 소위 ESG-Washing 활동에 열심인 주주는 이해관계자 이론에 합치하지 않으며, 따라서 기업가치 제고에 기여하지 못함

2. 선행 연구 소개

2.1 소유구조-ESG 성과 관계에 대한 연구가 활성화된 계기

- 소유구조가 기업행동이나 성과에 미치는 영향에 관한 연구는 진작부터 활발하게 이루어졌지만, 소유구조와 ESG 활동 관계를 분석하기 시작한 것은 비교적 최근임

- 초기에는 ESG 활동이 과연 이윤 극대화(=기업가치 극대화)라는 기업 목표와 합치하는 것인지 여부, 즉 ESG의 당위성에 논쟁의 초점이 맞춰지다 보니, 기업의 CSR 활동 강도를 결정하는 요인에 대해서는 논의가 별로 없다가, 1980년대 이후에야 비로소 조금씩 소유구조가 중요한 결정요인이 될 수 있다는 연구들이 나오기 시작함

- 한편으로는 이 시기가 경제학 및 경영학에서 대리인 이론에 관한 관심이 고조된 때라서 소유구조가 기업 활동 및 성과에 미치는 영향에 관한 연구가 본격화되었고, 그러한 관심은

ESG 활동으로도 이어졌음

- 그러나 보다 본격적인 연구는 2000년대 중반 이후 활성화되기 시작함

2.2 외국 선행 연구

- 2020년대 초반까지 이루어진 선행 연구를 방대하게 검토한 세 편의 연구 리뷰 (literature review) 논문과 2025년 발간된 매우 종합적인 논문을 통해, 외국에서 이루어진 소유구조-ESG 성과 간의 관계에 대한 연구 결과를 종합적으로 살펴봄
- Faller and Knyphausen-Aufseβ(2018)
  - ▶ 이 논문은 1980년 이후에, 대부분은 2005년~2014년 사이에, 발간된 146개의 논문을 review하여, 이들 선행 연구가 소유구조와 CSR/ESG 활동/성과 간에 어떤 관계가 있는지를 분석한 결과를 종합하여 제시함
  - ▶ 〈그림 1〉은 이 논문에서 review한 논문들의 실증 분석 결과를 요약하고 있음

〈그림 1〉 소유구조−CSR/ESG 성과 간 관계 실증 분석 결과 요약

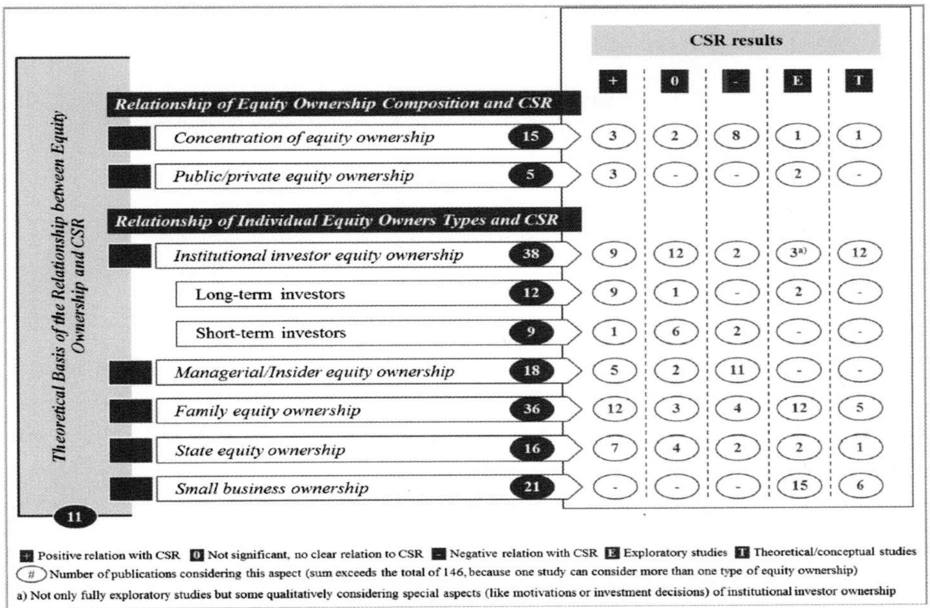

		+	0	-	E	T
Relationship of Equity Ownership Composition and CSR						
Concentration of equity ownership	15	3	2	8	1	1
Public/private equity ownership	5	3	-	-	2	-
Relationship of Individual Equity Owners Types and CSR						
Institutional investor equity ownership	38	9	12	2	3[a]	12
Long-term investors	12	9	1	-	2	-
Short-term investors	9	1	6	2	-	-
Managerial/Insider equity ownership	18	5	2	11	-	-
Family equity ownership	36	12	3	4	12	5
State equity ownership	16	7	4	2	2	1
Small business ownership	21	-	-	-	15	6

11

■ Positive relation with CSR ■ Not significant, no clear relation to CSR ■ Negative relation with CSR ■ Exploratory studies ■ Theoretical/conceptual studies
(#) Number of publications considering this aspect (sum exceeds the total of 146, because one study can consider more than one type of equity ownership)
a) Not only fully exploratory studies but some qualitatively considering special aspects (like motivations or investment decisions) of institutional investor ownership

출처: Faller and Knyphausen-Aufseβ(2018)

▶ 소유 집중도(concentration of ownership)

- 이론적으로는 (+), (-) 관계가 모두 가능함. 강력한 주주가 존재하면 기업의 평판이 곧 자신의 평판과 동일시될 수 있기 때문에 ESG 활동에 적극적일 수 있음. 그러나, 기업성과가 나빠지면 자신의 자산에 더 크게 나쁜 영향을 미치기 때문에 큰 비용이 따르는 ESG 활동에는 소극적일 수 있음
- 실증 분석 결과도 (+)(3개), (-)(8개), (insignificant)(2개)로 나뉨
- 그러나 강력한 주주가 누구인지 - 예컨대 경영에는 참여하지 않는 창업자, 경영자, 기관투자자 - 구분 없이 실증 분석하는 것은 큰 의미가 없음

▶ 기관투자자

- 이론에 따르면 (+), (-) 관계가 모두 가능함. 기관투자자는 이윤 증대를 선호하므로 단기적 시각을 가진 기관투자자는 ESG 비용을 줄이도록 경영자를 압박할 유인과 수단이 있음. 그러나 ESG 활동이 위험 감소에 기여한다는 점을 감안한다면 기관투자자가 이를 장려할 수도 있음
- 실증 분석 결과도 (+)(9개), (-)(2개), (insignificant)(12개)로 나뉨. 그러나 기관투자자의 투자 주기를 감안하면, 장기 투자자는 거의 모두(10개 중 9개 연구) CSR 활동과 (+) 관계를 맺고 있는 반면에, 단기 투자자는 1개를 제외하고는 모두 유의하지 않거나(6개), 음(-)의 관계(2개)로 나타남
- 이 결과는 ESG 경영이 기업의 장기적인 기업가치 증대에 기여한다는 사실을 간접적으로 확인하고 있음

▶ 경영자

- 이론적으로 볼 때 경영자 지분 증가는 이해일치 가설과 맥을 같이 할 가능성이 크므로 이윤 증대에 좀 더 초점을 맞출 가능성이 있음. 한편 또 다른 이론에 따르면 경영자는 자신의 평판 유지를 위해 적극적으로 CSR 활동에 임할 수 있음. 하지만, 경영자 지분 증가는 자신의 재산이 충분히 다각화되지 못했다는 사실을 의미하므로, 해당 기업의 단기적인 재무성과에 연연할 수밖에 없고, 또 자신의 임기와 관련하여 단기적 시각을 가질 가능성도 있음
- 실증 분석 결과는 (+) 5개, (-) 11개, (insignificant) 2개로 부정적인 결론이 좀 더 많음

- ▶ 가족 지배주주
  - 가족 지배주주는 오랜 기간 해당 기업과 동일시되기 때문에 평판과 같은 비재무적 성과에 관심을 가진다는 점에서 (+) 관계를 예상할 수 있으나, 가족 지배주주를 견제할 외부 세력이 없는 가운데, 이들의 행동이 외부 주주의 이익과 일치하지 않을 수 있다는 점에서는 (−) 관계를 가질 수 있음
  - 실증 분석 결과도 (+)가 우세하긴 하지만 어느 한쪽으로 기울어지지는 않음 ((+) 12개, (−) 4개, (insignificant) 3개)

- Gillan et al.(2021)
  - ▶ 이들은 ESG/CSR 지표들과 다양한 재무 지표 간의 관계를 분석한 논문들을 리뷰하였는데, 그 중에서 소유구조와 ESG 지표 간의 관계를 다룬 25개 실증 연구에 대해서도 다루고 있음. 이 논문들은 대부분 2010년대 후반에 출간된 것임
  - ▶ 기관투자자
    - 단순히 기관투자자의 지분율과 ESG 점수 간의 관계를 다룬 연구들은 상반된 결과를 보여주고 있음. 둘 사이에 (+) 관계를 확인한 2개 논문이 있는 반면에, 기관투자자 지분율과 환경 점수 간에 (−) 관계를 보인 연구도 있음.
    - 한편, 또 다른 두 편의 논문에서는 비선형적인 관계가 관찰되었는데, ESG 점수가 매우 높은 구간과 매우 낮은 구간에서는 기관투자자 지분이 낮고, 그 중간 구간에서는 기관투자자 지분이 높은 것으로 나타남. 이 결과는, 기관투자자들이 환경 및 사회 문제에 지나치게 큰 비용을 지출하는 기업을 피하지만, 이들 점수가 너무 낮은 기업도 리스크가 있어서 회피한다는 것을 의미함
    - 기관투자자의 투자 주기를 고려한 연구에서는, 장기 기관투자자 지분이 증가하거나 기관투자자 투자 주기가 길어지면 ESG 점수에 긍정적인 영향을 주는 것으로 나타남
    - 끝으로 기관투자자들이 주주 관여(engagement)를 적극 수행하는 경우 ESG 점수와 (+) 상관관계를 맺는 것을 확인한 다수의 연구가 있음
  - ▶ 가족 지배주주
    - 미국과 스웨덴을 각각 연구 대상으로 한 두 개의 논문에서 가족 지배 기업들이 환

경 투자를 결정하는 데 있어서 더 ESG 친화적이라고 결론짓고 있음. 그리고 이러한 결과는 가족 지배 기업이 외부 주주의 이익과 일치하는 방향으로 의사결정을 한다는 이해일치 가설을 지지하는 것으로 설명하고 있음

- 그러나 동아시아 국가들을 대상으로 한 연구에서는 가족 지배 기업이 ESG 점수와 (−) 상관관계를 가진 것으로 나타남

▶ 정부/국가

- 정부 기업이 높은 ESG 점수를 보인다는 실증 분석 결과를 제시함으로써, 정부 기업이 시장실패에 더 잘 대응할 수 있다는 이론과 일치하는 두 개의 논문을 소개하고 있음

- 그러나 중국 기업을 대상으로 한 연구에서는 둘 사이에 비선형적인 관계를 확인하였음. 즉, 낮은 정부 지분에서는 (−) 관계, 높은 정부 지분에서는 (+) 관계를 보임

● Kavadis and Thomsen (2022)

▶ 기업 소유구조와 지속가능성/CSR 간의 관계에 대한, 2017-2021년에 출간된 161개 논문에 대해 review하였음.

▶ 이들은 장기 주식 보유가 지속가능성에 어떤 영향을 미치는지에 초점을 맞추었음. 따라서 장기 투자자로 분류되는 기관투자자, 가족, 국가 소유와 지속가능성 간의 관계를 주로 분석하였는데, 분석 결과 장기 소유 또는 장기적 관점은 지속가능성을 확보하는 데 필요 조건이긴 하지만, 장기 소유자가 모두 지속가능성을 지지하지는 않는다는 점에서 이들이 선량한 관리자의 자세, 즉 스튜어드십(stewardship)를 갖는 것이 필수적이라고 강조하고 있음

▶ 기관투자자

- 대형 기관투자자는 매우 분산된 포트폴리오를 가지고 있기 때문에 기후 위기 같은 시스템 리스크(systematic risk)를 줄이려는 지속가능성 활동을 지원할 유인이 있음. 또한 이들은 많은 상장기업의 주요 주주로서 주주 관여 활동을 통해 자신의 의지를 관철시킬 힘도 있음. 따라서 기관투자자들이 ESG 활동에 긍정적인 태도를 가질 것으로 판단됨

- 기관투자자 변수가 포함된 66개 연구 중 43개 연구에서는 지속가능성과 (+) 관계

를 맺고 있는 것으로 나왔음

- 특히 장기 투자자만을 따로 분석한 10개 연구에서는 9개 연구에서 (+) 관계를 확인하여서, 장기적인 관점(long-term horizon)이 지속가능성에 중요한 조건임을 확인할 수 있음

▶ 정부/국가

- 국가가 주요 주주로 포함된 연구 40개 중 25개 연구에서 국가 지분과 지속가능성 레벨 간에 (+) 관계가 있음을 확인하였는데, 이는 정부가 장기적 관점을 가지고 있으며 지속가능성을 정치적으로 선호/지지한다는 견해와 일치하는 결과임
- 그럼에도 상당히 많은 연구가 (−) 또는 유의미하지 않은 관계를 보여주고 있는데, 이는 정부가 다른 정부 조직을 효율적으로 모니터링하지 못한다는 사실에 기인하는 측면이 있음

▶ 가족 지배주주

- 32개 연구 결과에 따르면, (+) 상관관계와 그렇지 않은 경우가 거의 반반으로 나타나고 있음 ((+) 17개, (−) 13개, (insignificant) 2개)
- 이 같은 결과는 장기 투자자인 가족 주주가 지속가능성에 더 관심을 가질 것이라는 견해와 상반된 것임. 이는 지속가능성을 확보하기 위해서 장기적 관점은 필요조건이긴 하지만, 이 것만으로는 충분하지 않고 해당 주주들의 선량한 관리자의 의무 준수(stewardship)가 따라야 한다는 것을 의미함
- 그러나 가족 주주가 회사 이익(지속가능성)보다 자신의 이익에 합치되는 방향으로 의사결정에 참여한다면 둘 사이에 (−) 관계가 발생할 것임

● Villalonga et al.(2025)

▶ 이 논문은 가장 최근에 행해진 실증 연구로서, 분석 기간, 대상 국가 및 기업 수, 종속 변수로 사용된 ESG 지표, 독립 변수로 사용된 소유구조 변수 등 모든 면에서 매우 종합적인(comprehensive) 논문임

▶ 데이터 및 분석 방법

- 2002년-2019년 기간에 걸쳐, 62개국의 3,083개 기업, 26,481 관측치(firm-year)를 사용

- 분석은 Pooled OLS 방법 사용 (산업, 국가, 연도 더미 변수를 사용한 통제)

▶ 종속 변수

- 종속 변수는 ESG 전체 점수, E/S/G 영역별 점수뿐 아니라,
- E/S/G의 10개의 카테고리 지표, 그리고 카테고리보다 더 하위 지표인 10개 KPI 점수도 사용하였음. 예컨대, E 영역에서는, Resource Use Control, Emission Reduction, Environmental Innovation 세 개의 카테고리를 종속변수로 사용하였음
- 이처럼 하위 지표를 종속 변수로 사용함으로써 각 주주들이 특정 이슈에 대해 어떻게 반응하는지 잘 이해할 수 있을 것임

▶ 독립 변수

- 독립 변수는 상위 10개 대주주 중에 다음 주주가 포함되어 있는지에 따라, 더미 변수(=1)와 연속 변수(해당 주주의 지분율)를 사용함
- Family: 창업자 가문이 10대 대주주이거나 이사회 구성원인 경우
- Individual: Family를 제외한 개인 대주주
- Corporation: 상장 기업 중 대주주
- Government: 정부 관련 기관 (소버린 펀드 등)
- Employee
- Management: 고위 임원(proxy statement에 포함된 지분)
- Institution

▶ 실증 분석 결과

- Family (-): 창업자 가문이 대주주인 경우, ESG 성과가 나쁘게 나타남. 창업자가 대주주인 기업은 주식이 분산된 기업에 비해 '공적 책임'에 대한 필요성이나 보다 책임있는 거버넌스 구조를 갖추라는 압력으로부터 좀 더 자유로워서 이러한 결과가 나온 것으로 판단
- Founder-CEO (+): 밑의 Management 결과에서 보듯이 CEO-Owner는 Owner의 종류와 관계없이 ESG에 적극적인 입장이라는 결과로 해석 가능. 그러나 전체적인 Founder 효과가 (-)인데, 이 (-) 효과보다는 절대치가 작음
- Descent-CEO (+): 창업자 후손은 10대 대주주에 포함된다 하더라도 지분이 분산되기 때문에, Family 보다는 CEO의 특성을 좀 더 많이 갖는 것으로 보임. 따라서

(+) 효과가 Descent Owner의 (-) 효과 크기를 능가함

- Individual (-): 개인 대주주는 ESG에 대한 선호가 낮은 것으로 해석. Family와 마찬가지로 외부로부터의 압력으로부터 좀 더 자유로움
- Corporation (-, insignificant): ESG/S/G에 대해서는 (-), E에 대해서는 유의하지 않은 결과
- Government (+, insignificant): ESG/E/S에 대해서 (+), G에 대해서는 유의하지 않은 결과
- Management (+, insignificant): ESG/E/S에 대해서는 (+), G에 대해서는 유의하지 않은 결과. 다른 소유구조 변수에 비해서 가장 강력한 영향을 미침
- Institution (+, -, insignificant): G에 대해서는 (+), E/S에 대해서는 (-), ESG 전체에 대해서는 유의하지 않은 결과. 기관투자자들은 주주 관여를 할 역량과 유인이 있기 때문에 기관투자자 지분율과 G 사이의 (+) 관계는 당연하고, 단기적인 재무성과를 악화시키는 E/S 활동에 대해서는 부정적인 편으로 해석됨

2.3 국내 선행 연구

- 소유구조-ESG 성과 간의 관계에 대해 국내 연구는 활발하지 않은 편임. 지금까지 수행된 국내 연구는 다음 세 그룹으로 분류할 수 있으며, 각 분야에서 대표적인 연구 결과를 살펴봄

  ① 전체 기업 표본을 대상으로 한 연구

  ② 대기업 집단을 대상으로 한 연구

  ③ 대기업 집단에서의 소유-지배 괴리도에 초점을 맞춘 연구

- 전체 기업 표본을 대상으로 한 연구
  - ▶ 김경옥(2018)은 2003년-2014년 기간에 걸쳐 금융업을 제외한 한국거래소 상장 기업을 대상으로 소유구조와 CSR 활동 간의 관련성을 분석하였음
  - ▶ 분석 대상 및 방법
    - 분석 대상: 2003년-2014년까지 경실련의 좋은 평가상 평가 대상인 200개 중에서 금융업을 제외한 1,596개 표본을 사용

- 종속 변수: 경실련 소속 경제정의연구소에서 개발한 경제정의지수(KEJI), 한국기업지배구조원의 ESG 등급
  - 독립 변수: 기관투자자, 외국인, 개인, 경영자 지분율
  - ▶ 분석 결과 및 평가
  - 독립 변수별로 종속 변수와의 상관 관계는 기관투자자 (+), 외국인 (+), 개인 (−), 경영자 (U자형)으로 나타났으며, 저자는 이 결과가 본인의 가설을 지지하는 것이라고 주장함
  - 그러나 가설을 설정하는데 활용한 이론과 반대되는 이론도 존재하는데 이를 무시하고 있음. 예컨대 기관투자자와 외국인 투자자가 장기적 관점의 투자를 통하여 기업의 장기적 이윤 창출에 관심이 많기 때문에 CSR 활동을 지지하는 것으로 저자는 주장하고 있으나, 적지 않은 기관투자자들이 단기적인 이윤에 더 집착한다는 이론도 많이 있음. 따라서 두 개의 대립된 이론을 함께 검증하는 것이 더 바람직했을 것임
  - 또한 소유구조에서 가장 중요한 지배주주와 CSR 활동 간의 관계 분석이 이루어지지 않았음
- 대기업 집단을 대상으로 한 연구
  - ▶ 박진혁 · 이장우(2022)는 가족기업과 대기업 집단(재벌)으로 구분되는 소유구조 특성이 ESG 평가에 어떤 영향을 미치는지 실증 분석함
  - 분석 대상: 2011년-2020년간 유기증권시장에 상장된 5,151개의 표본 사용
  - 종속 변수: 한국기업지배구조원의 ESG 등급
  - 독립 변수:
    - ☞ 가족기업: ① 특수관계인 포함 지배주주 지분율이 20% 이상, ② 가족 구성원이 경영에 참여, ③ 기업이 2대 이상 승계가 이루어진 경우
    - ☞ 대기업 집단: 공정거래위원회에서 지정한 대기업 집단
  - 분석 결과
    - ☞ 가족기업과 ESG 등급 간에는 (−) 관계로 나타남. 이는 대리인 이론과 합치하는 결과로, 이들이 ESG 활동을 소홀하게 하거나 자신의 사적 이익 추구 용도로 −

예컨대 자신의 평판을 높이는 데 도움이 되는 곳에 기부금 지출 등 – 사용한다
는 뜻

☞ 대기업 집단과 ESG 등급 간에는 (+) 관계가 확인됨. 대기업 집단의 위상 및 비
중이 커짐에 따라 이들에 대한 모니터링 및 지배구조 개선 요구가 커지고, 결과
적으로 지배주주의 사적이윤 추구 등 대리인 문제도 상당 부분 통제가 되고 있
는 상황을 의미함

▶ Chung et al.(2019)은 대기업 집단의 CSR 성과에 기관투자자가 어떤 영향을 미치는지
분석하였음. 실증 분석 결과, 기관투자자 지분은 CSR 성과와 (+) 관계를 맺고 있음을
확인함. 이는 기관투자자가 대규모 투자를 한 기업에서 손실을 보지 않기 위해서 장기
적인 기업가치 제고를 위해 노력할 유인이 있고, 그 결과 기업의 CSR 활동에서 발생할
수 있는 대리인 비용을 최소화했기 때문으로 해석됨

● 대기업 집단의 소유-지배 괴리도에 초점을 맞춘 연구

▶ 공정거래위원회 정의에 따르면 소유-지배 괴리도는 지배주주 개인 및 친족 소유 지분
율(소유 지분율)과 지배주주 및 계열사 등 특수관계인 소유 지분율(지배 지분율)의 차
이를 뜻함

▶ 대리인 이론에 따르면 소유-지배 괴리도는 대리인 비용의 대표적인 척도임. 왜냐하면
소유-지배 괴리도가 클수록 지배주주의 개인적 이익 추구가 더 심화될 수 있는데, 지
배주주가 피라미드 형식이나 순환출자를 통해 적은 지분으로 기업을 지배하는 경우,
기업 자산을 활용함으로써 얻는 지배주주의 개인적 이익에 비해 자신이 부담하는 비용
은 보유 지분에 한정되기 때문임

▶ Ryu et al.(2017)과 Choi et al.(2018)은 대기업 집단에서 소유-지배 괴리도가 CSR 활
동 및 성과에 미치는 영향을 분석하였음

• 실증 분석 결과에 따르면, 두 연구에서 모두 소유-지배 괴리도가 커질수록 CSR 활
동/성과가 낮아지는 것으로 나타남

• 이는 지배주주가 장기적인 목적의 CSR 활동을 줄이고 그 자원을 단기 프로젝트나
자신의 사익을 위한 프로젝트에 투입한 결과로 해석됨

▶ 한편, 최향미 외(2024)는 지배주주가 사익 추구 과정의 일환으로 ESG 활동을 선별적

으로 수행할 가능성에 주목하였음

- 실증 분석에 따르면 지배주주 지분율과 ESG 점수 간에 (+) 관계, 소유-지배 괴리도와 ESG 점수 간에는 (-) 관계를 보임
- 저자들은 이 결과에 대해서, 대기업 집단에 소속된 기업의 ESG 활동은 지배주주 지분율이 높은 기업 집단 내 핵심 기업을 중심으로 이루어지고 있으며, 소유-지배 괴리도가 높은 기업에서는 오히려 이러한 활동이 줄어듦으로써 기업의 ESG 활동이 지배주주의 효용에 따라 선택적으로 이루어지고 있다고 해석하고 있음. 즉, 지배주주가 지분율이 많은 기업에서는 ESG 활동을 통해 선량한 시민으로서의 명성 같은 비재무적 효용을 추구하고 있으나, 소유-지배 괴리도가 큰 기업, 즉 자신의 지분율이 낮은 기업은 ESG 활동에 덜 활용한다는 것으로 해석함
- 이 해석은 ESG 활동이 지배주주의 사적 이익을 충족시키기 위한 대리인 활동이라는 전제를 바탕으로 하고 있으며, 따라서 소유-지배 괴리도가 큰 기업에서 ESG 활동이 덜 일어나는 것을 긍정적으로 평가하는 듯함
- 그러나, 이러한 해석은 앞에서 인용한 두 연구와 동일한 실증 분석 결과를 정반대로 해석하는 것임. 소유-지배 괴리도가 대리인 행동의 대리변수로 많이 사용되고 있다는 사실을 고려할 때, 이 연구에서 소유-지배 괴리도와 ESG 성과 간에 (-) 관계를 확인했다는 사실은 소유-지배 괴리도가 클수록 소액주주의 이익에 반하여 CSR을 줄이고 있는 것으로 해석할 수 있음

2.4 기존 연구의 한계와 본 연구의 기여점

- 기존 연구의 한계
  - 소유구조에 따라 지속가능 경영 성과가 어떻게 달라지는지 많은 실증 연구가 이루어졌으나, 이들은 상충되는 결과를 내놓고 있음
  - 이 같은 결과는 소유구조와 ESG 활동 간에 연관성이 없어서라기 보다는 두 변수 간의 관계를 정확하게 짚어내지 못했기 때문으로 보임
    - 지금까지의 연구가 확실한 결론을 끌어내지 못한 주된 원인은 한 기업 안에서도 다양한 소유구조가 공존하고, 그들 간에 상호작용이 일어난다는 점을 고려하지 못

한 데 있음

- 복잡한 소유구조에도 불구하고 대부분의 선행 연구는 가족 소유 지분 또는 기관투자자 지분 등 한 두 가지 소유구조에 대해서만 초점을 맞추었음
- 뿐만 아니라, 이들 논문이 사용한 소유구조 변수는 소유 주식 지분율, 더미 변수, 일정 수준(예컨대 5%) 이상의 주주 포함 등 다양한 형태로 이루어졌기 때문에 동일한 기준으로 비교하는 데 한계가 뚜렷함

▶ 소유구조-ESG 성과 관계를 설명하는 많은 이론이 있는데도 불구하고, 대부분의 논문이 이 중에서 한 가지 이론에 근거해서 가설을 설정함으로써 실증 분석 결과를 해석함에 있어서 무리하거나 왜곡된 결론을 내리는 경향도 발견됨

- 본 연구는 다음과 같은 면에서 기존 연구의 한계를 극복하려고 노력하였음

▶ 2017년부터 2024년까지의 유가증권시장 상장기업 패널 데이터를 활용하여 최근의 경영 환경 변화가 반영된 소유구조-ESG 성과 간의 관계를 분석

▶ 포괄적이고 심도 있는 ESG 지표 활용

- 국내·외를 막론하고, 종속 변수로 사용하는 ESG 성과 지표는 ESG 전체 점수인 연구가 가장 많고, 일부 E/S/G 영역별 점수를 사용하는 정도임
- 필자가 알고 있는 바로는, E/S/G 영역별 하위 세부 지표를 사용한 연구는 **Villalonga et al.(2025)** 하나뿐임
- 본 연구는 서스틴베스트의 포괄적인 자료를 활용하여 가장 하위 단계의 지표까지도 종속 변수로 활용함

▶ 소유구조 변수 또한 대표이사, 최대주주, 최대주주 및 특수관계인, 기관투자자, 외국인을 종합적으로 고려함

▶ 독립변수 및 종속변수를 과거 값(t-1기)으로 설정하여, 소유구조가 ESG 성과에 미치는 영향의 지연 효과를 포착하고 내생성 문제를 완화하고자 함

▶ 전체 표본을 산업(제조업, 서비스업, 금융업)과 기업 규모(대기업, 중견기업, 중소기업)별로 세분화하여 분석함으로써, 각 집단별 특성이 소유구조-ESG 성과 간의 관계에 미치는 영향을 규명하고 차별화된 시사점을 제시함

▶ 소유구조 변수를 4분위 더미 변수로 전환하여 회귀분석 함으로써 분위별 수준 차이가

ESG 성과에 미치는 영향을 비교하여 비선형적 관계의 가능성까지 탐색함

3. ESG 평가 개요: ㈜서스틴베스트 사례

3.1 ESG 평가의 의의

- ESG 경영 및 투자는 기업의 ESG 성과 평가에서 시작함
  - ▶ 투자자는 누가 어떤 분야에서 얼마나 잘하는지, 또는 못하는지를 알아야 다른 기업이 아닌 그 기업에 투자할지 여부를 결정할 수 있고, 그 기업의 ESG 활동에 대해서도 영향력을 행사할 수 있기 때문임
  - ▶ 한편 기업 입장에서도 '측정할 수 있으면 관리할 수 있다'는 말처럼, '측정 → 관리(극대화, 최소화 등) → 최종 목표 달성(ESG 성과 창출 및 기업가치 극대화)'라는 과정을 통해서 기업 활동을 보다 효율화할 수 있음
- 기업들이 ESG 경영 성과를 보고하고 이를 평가하는 과정은 재무성과에 대한 평가와 기본적으로 동일함
  - ▶ 기업들은 세계적으로 통일된 회계기준에 맞춰 자신의 경영활동 성과를 재무체표로 작성하고, 투자자, 애널리스트, 신용평가 기관들은 재무제표 이외에도 다양한 정보를 활용하여 투자 여부, 적정 주가, 신용등급을 결정함
  - ▶ 마찬가지로, 각 기업들은 국제기구와 규제기관이 제시한 기준에 맞춰 자신의 ESG 성과를 주로 '지속가능경영 보고서'라는 형태로 공개함. ESG 평가기관들은 ESG 성과 자료들을 활용하여 각자 자신들의 기준에 맞춰 ESG 활동성과를 평가하고, 그 결과를 ESG 평가 등급으로 발표함
- 2018년 기준 전 세계에 600개 이상의 ESG 등급 평가 기관이 존재했으며 그 이후에도 계속 증가하고 있는데, 그 중에서 약 30개 정도가 일정 규모 이상의 의미 있는 평가 기관으로 여겨지고 있음 (조 신, 2021)

3.2 ESG 평가 과정

- 평가 기관의 기업에 대한 ESG 등급 평가 논리와 과정은 비슷하지만, 여기서는 ㈜ 서스틴

베스트의 사례를 중심으로 살펴봄. 서스틴베스트는 2006년 우리나라에서 최초로 ESG 등급 평가를 시작한 ESG 정보 분석, 제공 및 자문에 특화된 전문기업임

- 서스틴베스트는 2025년 기준 1,295개 기업을 대상으로 매년 2회 ESG 성과를 평가하고 등급을 발표하고 있음
  - ▶ 대상 기업은 유가증권시장 상장기업 752개, 코스닥 시장 상장기업 319개, 비상장 기업 22개이며,
  - ▶ 자산규모 기준으로는 대기업(2조원 이상), 중견기업(5천억원~2조원), 중소기업 (5천억원 미만)이 거의 같은 비중으로 분포되어 있음
- 서스틴베스트의 기업 평가 방법은 기본적으로 "데이터 수집 → 주요 지표의 측정 → 지표별 점수 부여 → 최종 등급 부여"의 과정을 거침
- 데이터 수집을 위해서, 평가 기관은 지속가능경영보고서, 사업보고서 등 기업들이 공개한 자료는 물론, 개별 기업 면담, 미디어, 정부, NGO 자료 등 활용 가능한 모든 자료를 수집함
- 평가 항목
  - ▶ 평가 항목은 상부와 하부로 이어지는 위계적 구조(hierarchy)를 지니고 있음. 평가 모형의 최상위체계는 환경(E), 사회(S), 지배구조(G) 세 영역으로 구분되며, 각 영역은 Category(평가항목), KPI(평가지표), Data Point(세부지표) 순의 단계별 하부체계로 구성되어 있음
  - ▶ 환경(E) 영역은 총 4개의 Category, 7개의 KPI, 36개의 Data Point로, 사회(S) 영역은 총 4개의 Category, 13개의 KPI, 34개의 Data Point로, 지배구조(G) 영역은 총 6개의 Category, 18개의 KPI, 41개의 Data Point로 구성되어 있음

〈표 1〉 평가 항목 수

ESG	Category	KPI	Data Point	기초자료
E	`4	7	36	120
S	4	14	48	100
G	6	17	42	129
Total	14	38	126	349

출처: 서스틴베스트(2024)

▶ E/S/G 영역별 평가 항목이 구체적으로 어떻게 구성되어 있는지 알아보기 위해서 환경 영역의 평가 항목 구성을 〈표 2〉에 예시적으로 제시함

<표 2> ESG 영역별 평가 항목 및 기준 (환경 영역)

Category	KPI	평가 내용 및 기준
혁신활동	친환경 혁신역량	친환경 연구개발을 활발히 진행하고 있으며, 관련 성과(특허, 기술인증 등)를 내고 있는가?
	환경성 개선성과	제품 생애주기에 걸쳐 환경성 개선을 위해 노력하고 있는가?
생산공정	환경사고 예방 및 대응	환경사고 예방 및 대응을 위한 활동을 진행하고, 관련 시스템을 구축하였는가?
	공정관리	생산공정 내 투입물 절감 및 배출물 저감을 위한 활동을 진행하고 있는가? 실제 성과가 있는가? (에너지 사용량, 용수 사용량, 수질오염물질 배출량, 화학물질 배출량, 대기오염물질 배출량, 폐기물 배출량검토)
	온실가스 관리	기후변화 리스크 대응 차원에서 CDP(탄소 정보공개 프로젝트)에 대응하고 있는가? TCFD 기준에 맞추어 정보를 공시하고 있는가? 목표관리제 및 배출권 거래제 대상 기업인가? 온실가스 배출 저감 활동을 진행하고 있는가? 실제 성과가 있는가?
공급망 관리	친환경 공급망 관리	협력업체의 선정과 운영, 협력업체의 제품 관리에 있어서 환경성을 충분히 고려하고 있는가?
생물다양성	생물다양성 보전	생물 종 다양성의 중요성을 인지하고 생물다양성 보전을 위한 활동을 하고 있는가?

출처: 서스틴베스트(2024)

● 평가 등급

▶ 개별 기업에 부여하는 등급은 AA, A, BB, B, C, D, E 7개 등급으로 나뉘고, D 등급 이하는 투자 배제 종목으로 분류하고 있음

▶ 참고로 서스틴베스트의 2021년-2023년 평가 등급 부여 결과는 〈표 3〉과 같음

<표 3> 연도별 평가 등급 분포

연도	AA등급	A등급	BB등급	B등급	C등급	D등급	E등급	Total
2021	122	200	335	196	221	51	18	1,143
	10.7%	17.5%	29.3%	17.1%	19.3%	4.5%	1.6%	100%
2022	106	252	357	249	207	58	13	1,242
	8.5%	20.3%	28.78%	20.0%	16.7%	4.7%	1.0%	100%
2023	142	274	356	237	200	39	22	1,270
	11.2%	21.6%	28.0%	18.7%	15.7%	3.1%	1.7%	100%

출처: 서스틴베스트(2024)

Ⅲ 실증분석 결과

1. 연구 설계

1.1 연구 문제

"기업 소유구조는 ESG 성과에 어떤 영향을 미치는가?"

- 관련 이론 및 선행 연구에 대한 검토를 바탕으로 우리는 기업의 소유구조가 ESG 성과에 어떤 영향을 미치는지, 그리고 산업별, 규모별로 어떤 차이가 있는지 분석함

- 보다 구체적으로, 소유구조는 대표이사, 최대주주, 최대주주 및 특수관계인, 기관투자자, 외국인 지분율로 구분하여, 다양한 ESG 성과에 이들 소유구조가 얼마나 영향을 주는지를 실증 분석하였음

  - 대부분의 기존 연구가 일부 소유구조를 사용한 것과는 달리 고려할 수 있는 소유 구조 변수를 사실상 모두 사용함으로써 종합적인 분석이 가능할 것으로 기대됨

  - ESG 성과 지표 또한 ESG 전체, E/S/G 개별 영역은 물론이고, 이보다 하위 지표인 Category, KPI, Data Point 레벨 지표 12개를 종속 변수로 사용함으로써 기존 연구보다 훨씬 입체적인 분석을 수행함

- 또한 이들 사이에 비선형 관계로 형성되어 있는지도 확인하기 위해 소유구조 변수를 연속 변수가 아닌 4분위 더미 변수로 전환하여 회귀분석을 추가적으로 시행함

1.2 자료 구성 및 변수의 정의

- 데이터 구성 및 출처:

  - 대상 기업: 유가증권시장 상장기업 (지주회사 제외)

  - 대상 기간: 2017년~2024년

  - 최종 표본: 극단 값을 갖는 관측치(outlier) 21개를 제외하고, 718개 기업, 5,222개 관측치를 대상으로 불균형 패널을 구축하여 진행

  - 자료 출처: ESG, 재무 자료는 각각 (주)서스틴베스트, Value Search DB 활용

- 분석에 사용되는 변수와 정의

〈표 4〉 변수의 정의

구 분	변수 명칭	정 의
종속변수	ESG	ESG 전체 점수
	E/S/G	E/S/G 영역별 점수
	온실가스 관리	'CDP/TCFD 대응, 온실가스 저감활동/저감목표/저감성과, 탄소중립활동' 평균
	온실가스 배출 저감성과	실제 온실가스 배출 저감 성과
	고용평등 및 다양성	'고용다양성 증진 프로그램, 여성직원 수 비율, 장애인 고용현황' 평균
	근로자 안전 및 보건	'안전 · 보건 정책/조직, 산업재해 발생' 등 7개 Data Point 평균
	사회공헌활동	'사회공헌 프로그램, 업종 관련 프로그램, 기부금/매출액' 평균
	매출액 대비 기부금 비율	기부금/매출액 비율
	이사회 구성과 활동	'이사회 구성, 이사회 활동, 감사 및 감사위원회' 3개 KPI 평균
	ESG 경영 인프라	'ESG 경영 거버넌스/보고, 윤리 경영' 3개 KPI 평균
	주주가치 환원	'총주주수익률, 과소배당 여부, 주식소각 여부, 주주환원정책 통지 여부' 평균
	총주주수익률	(기말 주가 − 기초주가 + 배당금)/기초 주가
	관계사 위험	'내부거래 위반, 관계사 거래' 2개 KPI 평균
	관계사 거래	'매출액 대비 관계사 매출액/매입액' 2개 Data Point 평균
독립변수	CEO	대표이사 지분율 (%)
	LARGE_TOT	최대주주 및 특수관계인 지분율 (%)
	LARGE_ONE	최대주주 지분율 (%)
	FIVE %_D	5% 이상 주주 존재=1; 5% 이상 주주 부재=0 (기관투자자 대리변수)
	FOREIGN	외국인 지분율 (%)
	DISPARITY	(LARGE_TOT − LARGE_ONE) (소유−지배 괴리도 대리변수)
통제변수	ASSET	자산 총액의 자연로그 값
	ROE	(순이익/자기자본)*100 (%)
	DEBT RATIO	(총부채/총자산)*100 (%)
	AGE	설립연수의 자연로그 값

▶ 종속 변수

- 앞에서 언급하였듯이, ESG 전체, E/S/G 개별 영역, 영역별 하부 지표 12개를 종속 변수로 사용함

- 전체 ESG 이외에 E, S, G 영역 각각의 지표에 대해 독립 변수와의 관계를 이해하는 것은 주주 집단별 인센티브와 행동을 이해하는 데 도움이 됨

- 예컨대 어떤 주주 그룹이 G에 대해서는 (+)의 관계를 보이고, E와는 (−) 관계를 보인다고 가정했을 때 그 의미는 무엇일까? 그 그룹은 탄소중립 같은 장기적 지속가

능성 이슈에 대해서는 관심이 없고, 주주 권리 같은 문제에 더 예민하다는 의미임. 물론 G의 개선은 대리인 비용 축소를 통해 가치 창출에 기여하는 측면이 있으나, 이 경우에는 주주환원과 같은 가치 재분배 측면이 상대적으로 강함

- 그 다음 의미 있는 질문은 이 주주 그룹이 E/G 레벨보다 더 하위 지표에 대해서 어떤 반응을 보이는지에 관한 것임. 예컨대, E의 하부 지표 중에서 '온실가스 배출 저감 성과'와 강력한 (−) 관계를 보인다면 이 그룹은 환경 문제에 무관심을 넘어서 환경 개선에 비용 지출하는 것에 반대한다는 의미이기 때문임. 다른 예로 G에서 '총주주수익률' 지표와는 (+) 관계를 보이고, 나머지 G 세부 지표와는 유의하지 않거나 (−) 관계를 보인다면, 지배구조 개선 그 자체보다 자신의 이해 관계에 더 열심인 주주로 평가할 수 있을 것임

▶ 독립 변수

- CEO, LARGE_TOT, LARGE_ONE, FOREIGN의 정의는 분명하고 이미 다른 연구에서 사용된 바 있음

- 본 연구에서는 기관투자자 지분율의 대리 변수(proxy variable)로 '5% 이상 주요 주주 지분율'을 사용함. 5% 이상 주주의 대부분이 기관투자자임을 감안하면 대리 변수로 사용하기에 적절할 것으로 판단함. 우리 표본에서 5% 이상 대주주가 존재하는 표본은 46%로 거의 반을 차지하고 있음. 나머지 54%는 0의 값을 갖기 때문에 연속 변수로 사용하기 보다는 5% 이상 기관투자자 존재 여부를 뜻하는 더미 변수로 전환하여 사용함

- 공정거래위원회의 '소유-지분 괴리도'는 다음과 같이 정의됨(최향미 외, 2024)

  소유-지분 괴리도 = 의결 지분율 − 소유 지분율

  의결 지분율 = (최대주주 및 특수관계인 보유분−상호주)/

  (보통주 발행주식 총수−자기주식−상호주)

  소유 지분율 = (최대주주 및 가족 보유분)/

  (보통주 발행주식 총수−자기주식−상호주)

  이 연구는 기존 독립 변수를 활용하여 'LARGE_TOT-LARGE_ONE'을 사용함

▶ 통제 변수로는 Villalonga et al.(2025), 김경옥(2018), 최향미 외(2024) 등 기존 연구에서 주로 사용된 자산, 자기자본 이익률, 부채 비율, 설립 연수를 포함함

1.3 연구 설계

- 회귀분석 모형

$$ESG_{it} = \beta_0 + \beta_1 OWN_{i(t-1)} + X'_{it-1}\gamma + IND_{it-1} + YEAR_{t-1} + \varepsilon_{it-1}$$

  > ESG_{it} : ESG 성과 지표,
  >
  > $OWN_{i(t-1)}$: 소유 구조 변수
  >
  > X_{it-1} : 통제 변수
  >
  > IND_{it-1} : 산업 더미 변수
  >
  > $YEAR_{t-1}$: 년도 더미 변수,
  >
  > ε_{it-1} : 오차항

- 세부 회귀분석 모형

  ▶ 소유구조 변수의 다양한 조합에 따라 다음의 9개 회귀분석 모형을 테스트하였음

  ① CEO, LARGE_TOT, FIVE %_D, FOREIGN

  ② CEO, LARGE_ONE, FIVE %_D, FOREIGN

  ③ CEO, DISPARITY, FIVE %_D, FOREIGN

  ④ CEO

  ⑤ LARGE_TOT

  ⑥ LARGE_ONE

  ⑦ FIVE %_D

  ⑧ FOREIGN

  ⑨ DISPARITY

  ▶ 여러 소유구조 변수를 하나의 모형에 포함시켰을 때(①, ②, ③) 개별 소유구조 변수의 통계적 유의도는 각각의 소유구조 변수를 하나씩만 포함하여 테스트한 경우(④~⑨)와 비교하여 큰 차이를 보이지 않음. 따라서 뒤의 실증 분석 결과를 제시할 때는 ④번부터 ⑨번 모형을 중심으로 설명하고, 필요하면 ①, ②, ③번 테스트 결과도 함께 설명하도록 함

  ▶ 소유구조 변수의 4분위 더미 변수화

    • FIVE %_D를 제외한 5개 소유구조 변수에 대해서 지분율 순서대로 4분위로 나누

고(① 25% 미만, ② 25~50%, ③ 50~75%, ④ 75% 이상) 각각 더미 변수화 하여 회귀분석 모형에 사용하였음

- 이렇게 함으로써 연속 변수가 가정하는 선형적 관계가 아닌 비선형적 관계의 가능성을 추가 분석하고자 하였음
- 그러나 보고서의 간결성을 고려하여 이 결과는 별도 표로 제시하지 않고, 필요할 때마다 언급하도록 함

- 분석 방법
  - ▶ 패널 데이터의 특성상 원론적으로는 고정효과 모형을 사용하는 것이 바람직하나 본 연구에서는 Pooled OLS 방법을 사용함
    - 소유 구조는 시간이 흘러도 거의 변화하지 않는 특징이 있기 때문에, "일정 기간 동안 '기업 고유 변화(within variation)'가 종속 변수에 미치는 영향을 측정하는 고정효과 모형이 소유구조가 기업 성과에 미치는 영향을 제대로 잡아낼 수 있는지 의문"이라고 Villalonga et al.(2025)는 지적하고 있음
    - 이러한 이유 때문에 Villalonga et al.(2025)를 비롯한 적지 않은 연구들이 Pooled OLS 방법을 사용하고 있음. 일정한 단점을 가지고 있는 두 가지 모형 중에서 우리 연구의 목적에 좀 더 맞는 방법을 채택하려는 것임
    - 따라서 본 연구도 Pooled OLS 방식을 사용하되, 산업, 연도 더미 변수를 사용하여 두 가지 특성을 통제하였음
  - ▶ 독립 변수와 통제 변수에 1년 시차를 둠으로써 이들 변수의 시차 효과를 감안하고 내생성 문제를 완화하였음
- 세부 분석 단계
  - ▶ 전체 표본 분석: 일차적으로 본 연구의 최종 표본 전체(718개 기업, 5,222개 관측치)를 대상으로 회귀분석 함으로써 전체적인 경향을 파악함
  - ▶ 규모별 분석: 자산 규모에 따라 대기업(2조원 이상), 중견기업(5천억원~2조원), 중소기업(5천억원 미만)으로 나누어 기업 규모에 따라서 소유구조-ESG 성과 간의 관계가 달라지는지를 분석함으로써 추가적인 시사점을 도출함

▸ 산업별 분석: 마찬가지로 전체 표본을 제조업, 서비스업, 금융업으로 나누어 회귀분석을 실시하여 산업별 소유구조-ESG 성과 간의 관계를 파악하고자 함

1.4 기술 통계량

(1) 전체 표본

● 〈표 5〉는 전체 표본의 기술 통계량을 제시하고 있음

<표 5> 기술 통계량 (전체 표본)

변수 명칭	Mean	Std	Min	25%	Median	75%	Max
ESG	61.178	22.724	4.543	43.622	60.996	81.392	99.660
E	58.247	33.225	0.000	29.720	66.380	88.635	99.870
S	53.126	31.008	0.630	24.305	49.535	85.160	99.990
G	64.831	23.258	0.000	48.243	68.570	83.840	99.980
CEO	6.071	11.022	0.000	0.000	0.025	8.028	66.851
LARGE_TOT	42.838	16.630	0.000	30.368	43.355	54.200	91.710
LARGE_ONE	30.437	16.962	0.000	17.960	26.540	41.120	86.600
FOREIGN	10.789	13.922	0.000	1.800	5.190	13.810	100.000
FIVE %_D	0.460	0.498	0.000	0.000	0.000	1.000	1.000
DISPARITY	12.399	13.220	0.000	0.320	8.360	21.710	62.140
ASSET	27.323	1.673	23.318	26.165	26.978	28.240	33.698
ROE	1.135	24.604	−298.038	0.225	4.527	8.938	311.546
DEBT_RATIO	138.786	227.552	0.780	34.960	75.690	136.910	2644.760
AGE	3.523	0.747	0.000	3.157	3.807	4.025	4.663

● ESG 성과 지표

▸ ESG 전체 평균은 61.18점이고, G(64.83점)는 평균보다 높은 반면에 S(53.12점)는 가장 낮은 점수를 기록하고 있으며, E(58.25점) 또한 평균을 밑도는 수준임

▸ 기업들 간의 편차는 매우 큰 편이어서, 환경과 지배구조의 경우 0점을 받은 기업이 있는가 하면, ESG 총점도 최저점이 4.54점에 그쳐서 유가증권시장 상장기업인데도 불구하고 ESG에 대해서 전혀 신경을 쓰지 않거나 쓸 여력이 없는 기업들이 있음

● 소유 구조 변수

▸ CEO 지분율은 평균 6.07%이지만 CEO의 33.7%가 주식을 전혀 보유하지 않고, 지분

율 중간 값이 0.025%에 지나지 않은 점을 고려하면, 지배주주 또는 주요 주주에 속하는 극소수 CEO를 제외하고는 대부분 전문경영인으로 판단됨

▶ 최대주주 개인(LARGE_ONE)과 최대주주 및 특수 관계인(LARGE_TOT)의 평균 지분율이 각각 30.44%, 42.84%에 달하는데, 이 정도 지분이면 경영권(corporate control)이 외부로부터 위협을 받을 가능성이 매우 낮은 편

▶ 5% 이상 지분을 가진 기관투자자 대리 변수로 사용되는 더미 변수(FIVE %_D)를 보면, 54%의 기업에는 5% 이상 기관투자자가 없음을 알 수 있음

▶ 외국인 주주 지분율 평균은 10.79%인데 중간 값은 5.19%에 불과하여, 외국인 주주는 몇몇 대기업에 집중되어 있다고 추론할 수 있음

▶ 소유-지배 괴리도(DISPARITY) 또한 평균(12.40%)에 비해 중간 값(8.36%)이 낮은 편이어서 특정 집단에 편중되어 있다고 판단됨

(2) 자산 규모별 그룹의 기술 통계량

● 다음 페이지 〈표 6〉은 자산 규모별 그룹의 기술 통계량을 제시하고 있음

● ESG 성과 지표

▶ ESG 전체 점수에 대해 대기업 평균은 79.48점인데 비해, 중견기업 64.45점, 중소기업 50.46점으로 규모별로 큰 차이를 보이고 있음

▶ 지배구조(G) 점수는 규모별로 그리 큰 차이를 보이지 않는데 비해, E와 S, 특히 S 영역의 점수가 가장 큰 차이를 보임

▶ S 영역 점수를 잘 받기 위해서는 다양한 이해관계자에 대한 배려가 필요한데, 이것은 비용을 수반하는 가시적인 활동인 경우가 많기 때문에 자원 제약이 큰 중견·중소기업이 제대로 실행하기 어려운 것으로 보임

▶ 그에 비해 지배구조 점수 차이가 크지 않은 이유는 두 가지를 들 수 있음. 우선 상장 기업에 요구되는 제도가 많아서 규모별 큰 차이가 나지 않는 점이 있음. 두 번째로, 서스틴베스트는 대기업 집단에 속한 기업들의 리스크를 계산하여 '기업집단 리스크' 점수를 G 영역 점수에서 차감하는데, 이들이 주로 대기업이기 때문에 G 점수 하락의 원인이 됨

<표 6> 기술 통계량 (규모별)

변수 명칭	대기업			중견기업			중소기업		
	Mean	Std	Median	Mean	Std	Median	Mean	Std	Median
ESG	79.478	18.116	85.770	64.451	20.173	65.245	50.461	19.627	49.225
E	80.868	27.111	92.325	63.340	30.578	72.940	44.418	30.382	45.875
S	77.672	25.546	80.410	58.951	28.727	59.725	37.955	25.412	30.625
G	69.597	24.226	76.600	64.146	22.436	66.095	62.893	22.909	66.445
CEO	1.486	4.749	0.005	5.171	10.775	0.024	8.807	12.435	0.349
LARGE_TOT	40.212	17.787	39.070	46.993	14.997	46.910	41.804	16.497	42.990
LARGE_ONE	30.858	17.798	27.490	34.308	17.737	31.940	28.084	15.654	24.940
FOREIGN	22.116	16.998	17.230	9.519	10.121	6.160	5.948	10.540	2.330
FIVE %_D	0.803	0.398	1.000	0.505	0.500	1.000	0.269	0.444	0.000
DISPARITY	9.353	12.072	2.760	12.684	13.108	8.890	13.715	13.578	10.410
기업 수	166			196			356		
관측치 수	1,244			1,420			2,558		

- 소유 구조 변수

  ▶ CEO 지분율 평균은 대기업 1.49%, 중견기업 5.17%, 중소기업 8.81%인데, 이는 중견 · 중소기업에 창업자 또는 지배주주 출신 CEO가 많다는 것을 시사함

  ▶ 그에 비해 대주주 지분율은 주목할만한 차이를 보이지 않음. 다만 소유-지배 괴리도는 규모가 작아질수록 그 비율이 다소 커지는데, 중소기업일수록 관계사를 통한 지배권 확보가 더 용이하거나 일반화되어 있는 것으로 보임

  ▶ 5% 이상 기관투자자는 대기업(80%)에 일반화되어 있고, 중견기업(50%), 중소기업 (27%)으로 갈수록 그 비율이 크게 낮아지는데, 기관투자자들의 투자가 대기업에 집중되어 있다는 사실을 확인해줌

  ▶ 외국인 지분도 대기업(22.12%)에서 높게 나타나고, 중견기업(9.52%), 중소기업 (5.95%)에서는 그 비율이 매우 낮음

(3) 산업별 그룹의 기술 통계량

- <표 7>은 산업별 그룹의 기술 통계량을 제시하고 있음

⟨표 7⟩ 기술 통계량 (산업별)

독립변수	제조업			서비스업			금융업		
	Mean	Std	Median	Mean	Std	Median	Mean	Std	Median
ESG	59.217	22.322	58.200	61.725	23.391	62.420	73.401	19.553	77.489
E	60.889	31.154	68.650	50.401	35.472	56.475	61.548	37.187	78.975
S	49.397	30.594	43.060	58.321	31.136	60.770	64.808	28.509	69.960
G	62.960	22.916	66.130	65.633	23.445	69.990	75.704	22.026	82.665
CEO	7.152	11.713	0.046	4.213	9.510	0.008	3.546	8.487	0.021
LARGE_TOT	43.529	15.518	43.870	42.123	17.596	42.240	39.982	20.588	39.915
LARGE_ONE	30.066	16.128	26.540	31.594	17.912	28.430	29.831	19.644	24.820
FOREIGN	9.477	12.398	4.430	10.749	13.839	5.080	20.024	19.570	12.040
FIVE %_D	0.414	0.493	0.000	0.512	0.500	1.000	0.645	0.479	1.000
DISPARITY	13.459	13.581	10.300	10.529	12.292	4.940	10.151	12.276	4.395
기업 수	462			187			69		
관측치 수	3,392			1,346			484		

- ESG 성과 지표

  ▶ ESG 성과 지표는 전체, E/S/G 영역별 모두에서 금융업이 뚜렷하게 높은 점수를 받고 있음. 다른 산업에 비해 규모가 매우 크고 수익성도 높은 점을 반영한 결과임

  ▶ 서비스업을 제조업과 비교하면 전체 및 E 영역 점수가 많이 뒤떨어지는 반면에, S 영역 점수는 높은 편임. 서비스업의 특성 상 환경 문제는 별로 신경을 쓰지 않는데 비해 고객 등 이해관계자와의 관계가 더 중요하기 때문인 것으로 보임

- 소유 구조 변수

  ▶ CEO 및 최대주주 지분율 관련 변수들은 산업별로 뚜렷한 차이를 보이지 않음

  ▶ 5% 이상 기관투자자는 금융 기업 65%에 존재하고 제조업과 서비스업에는 각각 41%, 51%에 있는 것으로 나타남. 이 또한 금융업의 규모와 수익성, 앞선 지배구조 등을 반영한 결과임

  ▶ 외국인 주주 지분율 또한 금융업이 다른 두 산업에 비해 현저하게 높음

2. 종속 변수: ESG 전체, E/S/G 개별 영역

- 앞에서 언급하였듯이, 지금부터 제시되는 회귀분석 결과 표는 모두 각각의 소유구조 변수

를 하나씩만 포함하여 테스트한 결과임(모형 ④~⑨). 필요한 경우 모든 소유구조 변수를 하나의 회귀분석 모형에 포함한 ①, ②, ③번 테스트 결과도 설명하도록 함

2.1 ESG 전체

(1) 전체 표본 분석

● 〈표 8〉은 전체 표본을 대상으로 한 회귀분석 결과를 제시하고 있음. 여기에서는 통제변수들의 계수 추정치도 함께 제시하였으나, 다른 모형에서도 그 값이 비슷하게 나오기 때문에 편의 상 다음 표 부터는 통제변수의 추정 결과는 생략함

〈표 8〉 전체 표본 회귀분석 결과 (ESG 전체)

독립변수	종속변수: ESG					
	(1)	(2)	(3)	(4)	(5)	(6)
CEO	−0.104** (−2.257)					
LARGE_TOT		−0.054* (−1.654)				
LARGE_ONE			0.068** (2.167)			
FIVE %_D				3.429*** (3.159)		
FOREIGN					0.068 (1.347)	
DISPARITY						−0.196*** (−4.702)
ASSET	8.685*** (26.449)	8.846*** (27.784)	8.857*** (28.284)	8.295*** (23.023)	8.532*** (20.678)	8.720*** (−4.702)
ROE	0.059*** (3.106)	0.059*** (3.168)	0.049*** (2.627)	0.053*** (2.862)	0.054*** (2.901)	0.061*** (3.137)
DEBT RATIO	−0.008*** (−3.112)	−0.007*** (−2.914)	−0.008*** (−3.409)	−0.006** (−2.463)	−0.006** (−2.467)	−0.008*** (−3.462)
YEAR	−2.539*** (−3.895)	−2.949*** (−4.573)	−2.563*** (−3.915)	−2.629*** (−4.139)	−2.778*** (−4.361)	−2.446*** (−3.828)
N	4387	4482	4483	4488	4443	4482
R-squared	0.421	0.421	0.422	0.423	0.421	0.431

괄호 안은 z-value;　*** significant at 1% level　** significant at 5% level　* significant at 10% level
연도 및 산업 더미 변수에 대한 추정치는 생략

- 경영자(CEO)
  - ▶ 경영자 지분율은 ESG 전체 점수와 5% 유의 수준에서 음(−)의 관계를 보이고 있음
  - ▶ 이론적 측면
    - 경영자 지분 증가는 주주와 이해일치(incentive alignment)를 촉진할 수 있지만, 지분이 많아지면 외부 통제로부터 자유로워져서 사익 추구가 심해지는 경영자 안주(managerial entrenchment)의 가능성이 증가함
    - 한편 경영자 지분 증가는 자신의 재산이 충분히 다각화되지 못했다는 사실을 의미하므로, 해당 기업의 재무성과에 연연할 수밖에 없고 또 임기와 관련하여 단기적 시각을 가질 가능성이 큼
    - 그러나 또 다른 이론에 따르면, 경영자는 자신의 평판 유지를 위해 적극적으로 ESG 활동에 임할 가능성도 있음
  - ▶ 선행 연구 결과
    - 외국 연구에서는 둘 사이에 음(−)의 관계를 확인한 연구가 더 많으며,
    - 한 국내 논문(김경옥, 2018)에서는 비선형 U자형 관계를 확인함 (즉, 낮은 지분에서는 (−) 관계, 높은 지분에서는 (+) 관계)
  - ▶ 결과 해석
    - CEO가 ESG에 소극적이라는 결과가 CEO−주주 간의 이해일치 결과인지, 아니면 CEO의 사익 추구 결과인지는 재무성과에 달려있음
    - ESG 성과와 재무성과 간의 관계에 대해서는 아직 확실한 결론이 내려지지는 않았으나, 선행 연구에 따르면 둘 사이에 음(−)의 관계(non-negative relationship)는 아니라고 결론 내리고 있음. 또한 이 회귀분석에 포함된 ROE, 부채 비율 등 재무 지표가 ESG 성과와 양(+)의 관계라는 사실로부터 좀 더 안정적이고 좋은 경영 성과가 뛰어난 ESG 활동과 상관관계를 가지고 있다고 할 수 있음
    - 따라서 경영자 지분-ESG 성과 간 (−) 관계를 확인한 실증 분석 결과는 최고 경영자 지분이 증가할수록 사익 추구를 위해 기업가치 상승에 도움이 되는 ESG 활동을 게을리하는 것으로 해석할 수 있음
    - 그러나 최고 경영자의 33.7%가 주식이 전혀 없으며, 지분율 중간 값도 0.0254%에

불과함. 따라서 CEO 지분율과 ESG 성과 간의 (-) 관계는 지분을 거의 갖지 않은 전문경영인 때문이기 보다는, 아주 높은 지분율을 가진 최대주주-CEO가 소수 존재하고, 이들의 사익 추구로 말미암은 것으로 볼 수도 있음

- 또 하나의 시사점은, 주요 선진국에서 CEO에게 주식 보상 제도를 도입함으로써 대리인 행동을 줄이려고 노력하는 점을 감안하면, 기업가치 상승에 필요한 유인 체계(incentive mechanism)를 도입하지 않은 결과가 ESG 경영을 가로막고 있는 것으로 해석됨

- **최대주주 지분율(LARGE_ONE, LARGE_TOT)**
  - 최대주주 본인의 지분율(LARGE_ONE)은 ESG 성과와 양(+)의 관계를 맺고 있으며, 최대주주 및 특수관계인 지분율(LARGE_TOT)은 음(-)의 관계임이 확인됨
  - 이론적 측면
    - 최대주주 지분율 증가의 효과에 대해서는 경영자의 경우와 마찬가지로 이해 일치 가설과 경영자 안주 가설이 대립하고 있음
    - 한편 최대주주는 장기적 관점을 가질 것이며, 최대주주는 해당 기업과 동일시되기 때문에, 평판과 같은 비재무적 성과에 관심을 가진다는 점에서 적극적으로 ESG 활동에 임할 가능성도 있음
  - 선행연구는 국내외 모두, (+), (-) 결과가 혼재되어 나타나고 있음
  - 결과 해석
    - '최대주주 본인 지분율'이 ESG 성과와 양(+)의 관계를 맺고 있다는 결과는 장기적인 기업가치 제고가 최대주주의 이익에 합치한다는 일치 가설을 지지하는 것으로 해석됨
    - 다만 4분위 더미 변수 분석에 따르면, 하위 25% 구간(17.94%)을 넘으면 ESG 성과와의 (+) 관계가 줄어드는 것으로 나타남. 이는 지분율이 일정 수준을 넘으면 경영자 안주, 즉 사익 추구가 나타날 가능성을 의미함
    - 한편, '최대주주 및 특수관계인 지분'은 음(-)의 관계가 나타났는데, 관계사 지분을 통해 경영권을 행사하지만 자신의 지분은 많지 않아 금전적 이익이 크게 영향을 받지 않는 기업에 대해서는, (더 나아가 경영권 행사를 통해 자신의 지분율이 높은

기업으로 이익을 이전(tunneling)시키는 기업에 대해서는,) 그 기업의 ESG 활동에 부정적임을 의미함. 이 부분은 다음의 '소유-지배 괴리도'와 직결됨

- 종합하면, 최대주주는 자신의 지분이 많은 기업에 대해서는 장기적인 지속가능성 확보를 위해 ESG 활동에 적극적이고, 자신의 지분이 많지 않은 기업의 ESG 활동에 소극적이거나 심지어 부정적일 가능성이 큼

- **소유-지배 괴리도(DISPARITY)**

  - ▶ 소유-지배 괴리도와 ESG 성과는 강력한 음(-)의 관계를 보임. 즉, 괴리도가 커질수록 ESG 성과는 유의미하게 나빠진다는 의미임

  - ▶ 이론적 검토

    - 소유-지배 괴리도는 대리인 행동의 대리변수로 많이 사용됨

    - 괴리도가 큰 기업에서 지배주주에게는 큰 이익이 돌아가지만 기업가치는 훼손되는 대리인 행동이 발생하면, 해당 기업의 기업가치 하락에 따라 지배주주 개인이 치르는 비용은 미미한 반면에, 대리인 행동으로 말미암아 돌아오는 사적 이익은 매우 클 것임

    - 따라서 괴리도가 큰 기업일수록 대리인 행동이 늘어날 가능성이 큼

  - ▶ 선행연구는 국내외 예외 없이 둘 사이에 음(-)의 관계를 보고하고 있음

  - ▶ 결과 해석

    - 따라서 이 연구에서 소유-지배 괴리도와 ESG 성과 간에 (-) 관계를 확인했다는 사실은 소유-지배 괴리도가 클수록 소액주주 이익에 반하여, 즉 기업가치를 해치면서, ESG 활동을 줄이고 있다는 것으로 해석할 수 있음

    - 소유-지배 괴리도가 크면 대리인 비용도 증가하는 것은 일반적으로 이익 이전(tunneling)을 수반하기 때문인데, 단기적 비용 증가를 초래하지만 장기적인 지속가능성(기업가치) 제고에 필수적인 ESG 활동을 희생하면서 이전 자원을 마련하는 것으로 의심할 여지가 있음

- **기관투자자(FIVE %_D)**

  - ▶ 5% 이상 주주(기관투자자)가 존재하는 경우에 ESG 성과가 통계적으로 유의하게 증가함

- 다만 여기에 제시하지는 않았으나 '5% 이상 주주 지분율'을 더미 변수가 아닌 연속 변수로 포함했을 때, 그 변수는 양(+)의 값을 갖기는 하지만 통계적으로 유의하지 않았음
- 즉 '5% 이상 주요주주 지분율'과 ESG 성과 간에 선형 관계는 존재하지 않는데, 그 이유는 5% 이상 주주 지분율이 0인 기업이 54%나 되기 때문으로 판단됨
- 따라서 5% 이상 주주가 존재하지 않는 기업의 경우에는 이 변수가 ESG 성과와 유의한 (+) 관계를 보이지 않지만, 5% 이상 주주(기관투자자)가 있는 경우에는 유의한 (+) 관계를 보이는 것으로 해석할 수 있음

▶ 이론적 검토

- 이론적으로는 (+), (−) 관계가 모두 가능함
- 특히 단기적 기관투자자는 단기 이윤 증대를 선호하므로 ESG 비용을 줄이도록 경영자를 압박할 유인이 있음
- 그러나 ESG 활동이 위험 감소에 기여한다는 점을 감안한다면 기관투자자가 이를 장려할 수 있음. 특히 대형 장기 기관투자자는 매우 분산된 포트폴리오를 가지고 있기 때문에 기후 위기 같은 시스템 리스크를 줄이는 ESG 활동을 지원할 유인이 있음

▶ 선행연구는 국내 · 외 모두, 많은 연구에서 양(+)의 관계를 보이고 있음

▶ 결과 해석

- ESG가 투자자와 자본시장으로부터 촉발되었다는 사실을 상기하면 5% 이상 대형 기관투자자들이 주주로 참여한 대부분의 기업에서 경영진보다 ESG 활동에 적극적일 것이라고 충분히 짐작할 수 있음
- 더구나 기관투자자는 기업 활동을 계속 모니터링할 유인과 힘을 가지고 있으며, 주주로서 경영진과의 대화, 공개서한, 주주 제안, 주총 표결 등의 수단을 통해 기업 행동에 관여(engagement)하여 구체적인 행동을 실천토록 할 수 있음. 이러한 주주 관여가 기관투자자와 ESG 성과 간의 양(+)의 관계를 만들어낸 것으로 판단됨

● 외국인(FOREIGN)

▶ 외국인 투자자 지분율과 ESG 성과 간에는 유의한 상관관계를 확인할 수 없었음

▶ 이론적 검토

- 외국인 투자자는 경영자를 효과적으로 통제하는 기능이 있어 투자기업의 기업가치 제고를 위해 ESG 활동에 적극적으로 대응할 가능성이 큼
- 또한 선진국 기업들의 ESG 경영 활동에 익숙하기 때문에 이에 반하는 활동을 하는 경우, 소극적인 주식 매각, 적극적인 주주 제안 등의 행동을 통해서 경영진에 영향력을 행사하 수 있을 것임
- 그러나 한편으로 단기 이윤에만 초점을 맞춘 외국인 투자자는 ESG 활동에 부정적일 것임

▶ 연속 변수를 사용한 회귀분석 결과는 유의하지 않았으나, 4분위 더미 변수 분석에서는 2분위(25~50%) 이상 외국인 지분율 기업은 하위 1분위(25% 미만) 기업에 비해 ESG 성과가 더 좋은 것으로 확인되었음

(2) 규모별 분석

- ⟨표 9⟩는 전체 표본을 대기업, 중견기업, 중소기업으로 나누어 회귀분석한 결과를 제시하고 있음. 각 규모별로 6개의 독립변수에 대한 계수 추정치를 하나의 열(column)에 표시하였으나, 이 독립변수 전부를 하나의 회귀모형에 포함시킨 것은 아니고 독립변수 하나씩을 넣은 회귀모형을 테스트한 결과를 편의상 하나의 열에 표시한 것임. 독립변수 별로 결측치가 조금씩 다르기 때문에 모형별 관측치(N)를 바로 옆에 함께 표시하였음 (이하 모든 규모별, 산업별 분석 표에서 동일함)

- 각 규모별 회귀분석 결과를 전체 표본 및 다른 규모 분석 결과와 비교하면서, 의미와 시사점을 함께 제시함

- 대기업

  ▶ 전체 표본과 비교할 때 기관투자자((+)) 및 소유-지배 괴리도((-))가 ESG 성과에 미치는 영향은 동일하며, 의미와 시사점 또한 같음

  ▶ CEO는 유의하지 않은 관계로 나타나 전체 표본의 (-)와 대조를 이룸. 이는 CEO와 ESG 지표 간의 (-) 관계가 나타난 주된 원인으로 꼽힌 최대주주-CEO의 숫자가 대기업에서는 크게 줄어들어서, CEO 변수의 영향이 많이 사라졌기 때문으로 보임

〈표 9〉 규모별 회귀분석 결과 (ESG 전체)

독립변수	대기업		중견기업		중소기업	
	계수	N	계수	N	계수	N
CEO	−0.177 (−0.904)	1057	−0.287*** (−3.376)	1188	−0.019 (−0.319)	2142
LARGE_TOT	−0.220*** (−4.419)	1072	0.037 (0.486)	1221	−0.076 (−1.514)	2189
LARGE_ONE	−0.045 (−0.950)	1072	0.173*** (3.201)	1221	0.009 (0.166)	2190
FIVE %_D	6.947*** (3.038)	1077	3.058 (1.486)	1221	1.697 (1.104)	2190
FOREIGN	0.069 (1.023)	1072	0.263* (1.950)	1210	0.115 (1.334)	2161
DISPARITY	−0.324*** (−3.860)	1072	−0.280*** (−3.308)	1221	−0.115** (−2.039)	2189

종속변수: ESG

괄호 안은 z-value;　　　*** significant at 1% level　　** significant at 5% level　　* significant at 10% level

통제 변수, 연도 및 산업 더미 변수에 대한 추정치는 생략

▶ 한편, 최대주주는 ESG에 대한 부정적 태도가 강화된 것으로 판단됨

- 전체 표본에서 LARGE_ONE은 (+) 관계, LARGE_TOT는 10% 유의도 수준에서 (−) 관계를 보였는데 비해, LARGE_ONE은 유의하지 않은 관계, LARGE_TOT은 1% 유의도 수준의 (−) 관계로 전환되었음

- 대기업의 ESG 점수는 중소·중견기업에 비해 훨씬 높은데도, 최대주주의 ESG에 대한 태도는 더 부정적이라는 점은 어떻게 해석해야 할까?

- 이들은 ESG 평가를 잘 받을 만큼의 자원과 역량을 갖추고 있으며, ESG 변화 트렌드에 잘 대응함으로써 사회적 기대에 부응하고 평판을 유지함

- 그러나 이들은 주로 대기업 집단에 속한 기업들로 최대주주와 관계사 집단이 공동의 이익을 추구하는 경향이 있고 이에 장애요인으로 작용하는 ESG 활동에 부정적이기 때문인 것으로 판단됨

● 중견기업

▶ 전체 표본과 같이 CEO는 음(−)의 관계를 보이고 있으며, 그 관계에 대한 해석도 같음

▶ 최대주주 개인의 (+) 관계, 소유−지배 괴리도의 (−) 관계 또한 전체 표본의 경우와 동일함. 소유−지배 괴리도의 (−) 관계로 미루어 볼 때 관계사를 여럿 보유한 기업의 경우

최대주주의 사익 추구 가능성이 중견기업에도 존재하나, 최대주주의 ESG에 대한 태도
는 대기업에 비해 덜 부정적인 것으로 보임

▶ 한편 5% 이상 기관투자자 더미 변수는 유의미하지 않은 것으로 나타났는데, 이 비율이
50%로 대기업의 80%와 큰 차이를 보이기 때문인 것으로 판단됨

● 중소기업

▶ 소유-지배 괴리도가 10% 유의도 수준에서 음(-)의 관계를 보이는 것을 제외하고는 유
의한 상관관계를 보이는 소유구조 변수가 없음

▶ 이는 중소기업의 ESG 성과에 소유구조가 거의 영향을 미치지 않음을 시사함

(3) 산업별 분석

● 〈표 10〉은 제조업, 서비스업, 금융업으로 나누어 회귀분석한 결과를 제시하고 있음

〈표 10〉 산업별 회귀분석 결과 (ESG 전체)

독립변수	제조업		서비스업		금융업	
	계수	N	계수	N	계수	N
CEO	−0.090* (−1.666)	2872	−0.162 (−1.624)	1116	−0.082 (−0.487)	399
LARGE_TOT	−0.098** (−2.148)	2921	0.082 (1.449)	1150	−0.141** (−2.293)	411
LARGE_ONE	0.076* (1.730)	2922	0.089* (1.665)	1150	−0.058 (−0.881)	411
FIVE %_D	4.607*** (3.519)	2922	0.291 (0.121)	1155	1.091 (0.383)	411
FOREIGN	0.107 (1.527)	2895	0.088 (1.033)	1137	−0.047 (−0.532)	411
DISPARITY	−0.232*** (−4.781)	2921	−0.027 (−0.278)	1150	−0.217 (−1.485)	411

괄호 안은 z-value;　　*** significant at 1% level　　* significant at 5% level　　* significant at 10% level
통제 변수, 연도 및 산업 더미 변수에 대한 추정치는 생략

● 각 산업별 회귀분석 결과를 전체 표본 및 다른 산업의 결과와 비교하면서, 의미와 시사점
을 함께 제시함

- 제조업

  ▶ 전체 표본의 분석 결과와 완전히 동일함. 즉, 소유구조 변수 별로 CEO (−), LARGE_ONE (+), LARGE_TOT (−), DISPARITY (−), FIVE %_D (+)의 관계를 보임

  ▶ 다만 전체 표본 결과와 비교했을 때 최대주주 변수들의 유의도 변화를 감안하면, 최대주주들의 ESG에 관한 입장은 전체 표본에 비해 좀 더 부정적으로 바뀐 편으로 보임. 앞의 규모별 분석에서 대기업이 전체 표본에 비해 최대주주들의 ESG에 대한 부정적인 견해가 강화되었음을 확인한 바 있는데, 제조업에서도 그와 유사한 결과가 나온 것임

- 서비스업

  ▶ LARGE_ONE이 양(+)의 유의한 관계를 갖는 것을 빼고는, 나머지 소유구조 변수는 영향을 미치지 않는 것으로 판단됨

  ▶ LARGE_ONE의 결과에 대한 해석과 시사점 또한 전체 표본의 경우와 같음

- 금융업

  ▶ 최대주주 및 특수관계인 지분율이 유의한 음(−)의 관계를 맺는 것을 제외하고는 나머지 소유구조 변수들은 유의한 관계를 보이지 않고 있음

  ▶ 최대주주 및 특수 관계인의 사익 추구 가능성은 어디나 존재하는 것이어서 특별할 것이 없고,

  ▶ 나머지 소유구조 변수들의 영향이 없다는 것은 금융업이 상장 기업에 대한 규제에 더하여 금융 감독기관의 세밀한 규제를 받고 있기 때문에 ESG 관점에서 큰 차이를 나타낼 여지가 없다는 의미로 해석됨

2.2 환경 영역(E)

(1) 전체 표본 분석

- 〈표 11〉은 E 영역을 종속변수로 전체 표본을 대상으로 회귀분석한 결과임

- 분석 결과

  ▶ ESG 전체 점수와 비교하여 대체로 유사함

  ▶ (1) CEO 및 LARGE_TOT 변수는 유의도가 사라졌지만, (2) LARGE_ONE은 양(+),

(3) DISPARITY는 음(-), (4) FIVE %_D 변수는 양(+)의 관계를 유지하고 있으며, (4) FOREIGN 또한 유의한 관계가 관찰되지 않음

〈표 11〉 전체 표본 회귀분석 결과 (E 영역)

독립변수	(1)	(2)	(3)	(4)	(5)	(6)
			종속변수: E			
CEO	−0.038 (−0.460)					
LARGE_TOT		0.033 (0.647)				
LARGE_ONE			0.098* (1.942)			
FIVE %_D				3.934** (2.336)		
FOREIGN					−0.041 (−0.550)	
DISPARITY						−0.107* (−1.666)
N	4387	4482	4483	4488	4443	4482
R−squared	0.351	0.350	0.352	0.353	0.350	0.352

괄호 안은 z-value;　　***significant at 1% level　　*significant at 5% level　　*significant at 10% level
통제 변수, 연도 및 산업 더미 변수에 대한 추정치는 생략

● 결과 해석

▶ 최대주주는 자신의 지분이 많은 기업의 환경 문제 해결에 적극적인 반면에,

▶ 지배력은 가지고 있지만 자기 지분이 작은 기업에서는 소극적 입장임. 이는 앞에서 언급한 것과 같이 괴리도가 큰 기업에서 지배주주가 사적 이익을 추구하려는 경향 때문인 것으로 보임

▶ 기관투자자는 온실가스 배출 저감 등 환경 문제 해결에 적극적인 관심을 가지고 있다고 판단됨. 물론 미국 트럼프 정부 출범 이후에 기조가 많이 바뀐 것은 사실이지만, 대형 기관투자자들은 여전히 ESG 중에서 환경 분야에 가장 큰 관심을 가지고 있으며, 특히 온실가스 다량 배출 기업들에게 다양한 수단으로 배출량 감축을 압박해 왔음. 이 연구에서 관찰된 양(+)의 관계는 이러한 추세를 반영한 것으로 생각됨

▶ 끝으로 외국인 주주 또한 2분위(25%~50%) 기업부터는 환경 점수와 양(+)의 상관관

계가 존재함. 이 같은 결과는 주요 선진국이 우리보다 환경 문제에 대한 인식과 이에 대한 대처가 더 빨랐다는 점을 반영하고 있음

(2) 규모별 분석

- 〈표 12〉는 E 영역을 종속변수로 자산 규모별로 표본을 나누어 회귀분석한 결과임

〈표 12〉 규모별 회귀분석 결과 (E 영역)

독립변수	종속변수: E					
	대기업		중견기업		중소기업	
	계수	N	계수	N	계수	N
CEO	−0.023 (−0.087)	1057	−0.047 (−0.353)	1188	−0.025 (−0.228)	2142
LARGE_TOT	−0.119* (−1.725)	1072	0.136 (1.215)	1221	0.025 (0.296)	2189
LARGE_ONE	−0.091 (−1.265)	1072	0.234*** (2.795)	1221	0.070 (0.782)	2190
FIVE %_D	9.826*** (3.211)	1077	0.291 (0.097)	1221	3.123 (1.264)	2190
FOREIGN	−0.052 (−0.530)	1072	−0.048 (−0.236)	1210	0.018 (0.138)	2161
DISPARITY	−0.045 (−0.458)	1072	−0.262* (−1.930)	1221	−0.055 (−0.573)	2189

괄호 안은 z-value; *** significant at 1% level * significant at 5% level * significant at 10% level
통제 변수, 연도 및 산업 더미 변수에 대한 추정치는 생략

- 대기업

  ▶ 전체 표본을 대상으로 한 E 영역 지표 분석 결과와 비교할 때, (1) CEO가 유의하지 않은 관계, (2) 기관투자자의 (+) 관계, (3) 외국인의 유의하지 않은 관계는 동일하며, 그 의미와 시사점 또한 같음

  ▶ 한편 최대주주는 환경 문제 개선에 대한 부정적 태도가 강화되었음

    • 전체 표본에서 LARGE_ONE은 (+) 관계, LARGE_TOT는 유의하지 않았는데 비해, LARGE_ONE은 유의하지 않은 관계, LARGE_TOT은 (−) 관계로 전환됨

    • 따라서, 대기업의 E 영역 점수는 중소 · 중견기업에 비해 훨씬 높지만, 이것이 '좋

은' 소유구조 덕분이라고 할 여지는 별로 없음

- 중견기업
  - ▸ 최대주주 개인의 (+) 관계, 소유-지배 괴리도의 (-) 관계는 전체 표본의 경우와 동일하며, 의미와 시사점도 같음
  - ▸ 한편 5% 이상 기관투자자 비율이 낮은 중견기업에서 그들의 영향력이 유의미하지 않다는 결과 또한 충분히 예상할 수 있음
- 중소기업
  - ▸ 중소기업 집단에서는 환경 영역 평가 지표와 유의한 상관관계를 보이는 소유구조 변수가 없음
  - ▸ 중소기업의 환경 영역 평가 점수가 매우 낮은 점수라는 점을 고려할 때, 각종 환경 규제를 준수하는데 부족한 자원 및 역량이 제약 조건(binding constraint)으로 작용하기 때문에 소유구조의 차이가 설명 변수로서 작용할 여지가 없어 보임

(3) 산업별 분석

- 다음 페이지의 〈표 13〉은 제조업, 서비스업, 금융업으로 나누어 E 영역에 대해 회귀분석한 결과를 제시하고 있음
- 제조업
  - ▸ 전체 표본의 경우와 비교하여 모든 소유구조 변수의 계수 및 유의도가 유사함
  - ▸ 즉, LARGE_ONE (+), DISPARITY (-)의 관계는 동일하며 FIVE %_D은 10% 유의수준을 약간 벗어나긴 하지만 (+)의 관계를 유지하고 있음
- 서비스업
  - ▸ CEO가 음(-)의 관계를 갖는 것을 빼고는, 나머지 소유구조는 유의한 관계가 나타나지 않음
  - ▸ 서비스업이 제조업에 비해 환경 이슈에 덜 노출되어 있는 편이기 때문에, 소유구조 변화가 환경 관련 의사결정에 별 영향을 미치지 않는 것으로 판단됨
- 금융업

- ▶ 금융업에서 소유구조와 환경 영역 성과와는 유의한 관계는 발견할 수 없음
- ▶ 이 같은 결과는 (1) 금융업의 본질이 환경 문제를 소홀히 할 수는 없으나, 산업 자체에는 환경 이슈가 별로 크지 않고, (2) 금융 감독기관의 강력한 규제를 받기 때문에 소유구조 차이가 환경 영역 지표에서 차이를 나타낼 여지가 없음을 뜻함

<표 13> 산업별 회귀분석 결과 (E 영역)

독립변수	제조업		서비스업		금융업	
	계수	N	계수	N	계수	N
CEO	−0.002 (−0.026)	2872	−0.317* (−1.863)	1116	0.105 (0.341)	399
LARGE_TOT	0.086 (1.208)	2921	0.081 (1.005)	1150	−0.152 (−1.197)	411
LARGE_ONE	0.187*** (2.776)	2922	0.038 (0.463)	1150	−0.155 (−1.096)	411
FIVE %_D	3.301 (1.617)	2922	0.156 (0.051)	1155	9.137 (1.484)	411
FOREIGN	−0.071 (−0.698)	2895	−0.170 (−1.389)	1137	0.026 (0.150)	411
DISPARITY	−0.142* (−1.808)	2921	0.086 (0.693)	1150	−0.013 (−0.056)	411

괄호 안은 z-value;   *** significant at 1% level   * significant at 5% level   * significant at 10% level
통제 변수, 연도 및 산업 더미 변수에 대한 추정치는 생략

2.3 사회 영역(S)

(1) 전체 표본 분석

- ● <표 14>는 전체 표본을 대상으로 S 영역에 대해 회귀분석한 결과를 제시하고 있음

- ● 분석 결과: ESG 전체 점수를 대상으로 분석한 결과와 유사하나, LARGE_ONE의 계수(+) 및 유의도, DISPARITY의 계수(−) 및 유의도가 환경 분야에 비교해 크게 증가함 (E 영역은 두 변수 모두 10% 수준 유의도인데 비해, S 영역은 1% 유의도 수준)

- ● 결과 해석

  - ▶ 최대주주는 자신의 지분이 많은 기업의 사회 문제 해결에 관심을 가지고 있지만, 지배력은 가지고 있으나 소유 지분이 작은 기업에서는 소극적인 입장임

〈표 14〉 전체 표본 회귀분석 결과 (S 영역)

독립변수	종속변수: S					
	(1)	(2)	(3)	(4)	(5)	(6)
CEO	−0.297*** (−4.537)					
LARGE_TOT		−0.011 (−0.251)				
LARGE_ONE			0.120*** (2.729)			
FIVE %_D				3.513** (2.252)		
FOREIGN					0.017 (0.226)	
DISPARITY						−0.213*** (−3.612)
N	4387	4482	4483	4488	4443	4482
R−squared	0.418	0.409	0.412	0.411	0.409	0.416

괄호 안은 z−value;   *** significant at 1% level   * significant at 5% level   * significant at 10% level
통제 변수, 연도 및 산업 더미 변수에 대한 추정치는 생략

▶ 이 결과를 괴리도가 큰 기업에서 지배주주가 사적 이익을 추구하려는 경향 때문으로 볼 수도 있으나, 사회 영역의 특수성도 고려할 여지가 있음

▶ 환경 이슈에 대해서는 정부 규제가 다양하게 존재하는데 비해, 사회 이슈에 대한 의사 결정은 기업의 자유도가 상대적으로 높은 편임

▶ 또한 사회 문제는 환경 문제에 비해 소비자, 직원, 납품 기업, 지역 사회 등 많은 이해관계자와 깊은 관계를 맺고 있기 때문에, 최대주주 개인과 동일시되는 기업의 사회적 평판을 잘 유지할 인센티브가 있음. 특히 최대주주가 대주주로 있는 기업 집단 내 '핵심' 기업에서 S 영역 지표에 더 관심을 가질 여지가 큼. 그 대신에 '비핵심' 기업의 S 영역에 대해서는 자원 투입을 덜 하는 방향으로 의사 결정이 이루어진 것으로 판단됨

▶ 5% 이상 기관투자자는 사회 영역 지표와 유의한 양(+)의 관계가 확인되고, 외국인 주주 또한 2분위 기업부터 유의한 (+) 관계를 보임. 따라서 기관투자자 및 외국인은 비선형적으로 ESG 중 S 지표 개선에 관심을 갖는 것으로 해석됨

(2) 규모별 분석

● 〈표 15〉는 S 영역을 종속변수로 자산 규모별로 표본을 나누어 회귀분석한 결과임

〈표 15〉 규모별 회귀분석 결과 (S 영역)

독립변수	종속변수: S					
	대기업		중견기업		중소기업	
	계수	N	계수	N	계수	N
CEO	0.011 (0.040)	1057	−0.529*** (−3.763)	1188	−0.198*** (−2.642)	2142
LARGE_TOT	−0.263*** (−2.853)	1072	0.131 (1.212)	1221	−0.034 (−0.551)	2189
LARGE_ONE	−0.106 (−1.300)	1072	0.268*** (3.501)	1221	0.060 (0.846)	2190
FIVE %_D	10.084** (2.485)	1077	2.550 (0.862)	1221	0.311 (0.156)	2190
FOREIGN	−0.103 (−0.919)	1072	0.187 (0.983)	1210	0.198* (1.786)	2161
DISPARITY	−0.287* (−1.866)	1072	−0.333*** (−2.734)	1221	−0.123* (−1.726)	2189

괄호 안은 z-value;　　*** significant at 1% level　　* significant at 5% level　　* significant at 10% level
통제 변수, 연도 및 산업 더미 변수에 대한 추정치는 생략

● 대기업

 ▶ 전체 표본과 비교할 때, CEO는 유의하지 않은 관계로 바뀌었음. ESG 전반에 부정적인 영향을 미치는 것으로 보이는 최대주주-CEO의 숫자가 대기업에서는 크게 줄어들었기 때문으로 보임

 ▶ 5% 이상 기관투자자의 존재는 S 영역 지표 개선에 기여하고 있음

 ▶ 대기업에서는 사회 문제 개선에 대해서도 최대주주의 부정적 태도가 강화되었음

  • 전체 표본에서 LARGE_ONE은 (+) 관계, LARGE_TOT는 유의미하지 않았는데 비해, LARGE_ONE은 유의하지 않은 관계, LARGE_TOT은 (−) 관계로 전환되었음

  • 따라서 대기업의 높은 S 영역 점수는 최대주주 의지보다는 풍부한 자원 덕분으로 보임

● 중견기업

 ▶ CEO (+) 관계, 최대주주 개인 (+) 관계, 소유-지배 괴리도 (−) 관계는 전체 표본의 경

우와 동일하며, 의미와 시사점도 같음

- ▶ 다만 중견기업에서 5% 이상 기관투자자의 S 영역 지표에 대한 영향력은 미미한 것으로 판단됨

- 중소기업

  - ▶ CEO 지분율이 S 영역 지표와 통계적으로 유의한 음(-)의 관계를 보이는데, 중소기업에 최대주주-CEO 숫자가 더 많이 존재하고 이들이 S 영역 개선에 자원을 사용하는 것에 부정적인 입장을 보이는 것으로 판단됨
  - ▶ 외국인 지분율이 유의한 (+) 관계를 보이는 것은 특이한 점인데, 이것이 이론이나 선행연구로 뒷받침되는 결과는 아님

(3) 산업별 분석

- 〈표 16〉은 제조업, 서비스업, 금융업으로 나누어 S 영역에 대해 회귀분석한 결과를 제시하고 있음

〈표 16〉 산업별 회귀분석 결과 (S 영역)

독립변수	제조업		서비스업		금융업	
	계수	N	계수	N	계수	N
CEO	−0.223*** (−3.162)	2872	−0.537*** (−3.040)	1116	−0.267 (−1.167)	399
LARGE_TOT	−0.051 (−0.866)	2921	0.115 (1.369)	1150	−0.097 (−0.688)	411
LARGE_ONE	0.136** (2.335)	2922	0.144* (1.853)	1150	−0.098 (−0.732)	411
FIVE %_D	5.475*** (3.088)	2922	−0.946 (−0.268)	1155	−0.676 (−0.130)	411
FOREIGN	0.140 (1.511)	2895	0.047 (0.358)	1137	−0.296** (−2.081)	411
DISPARITY	−0.252*** (−3.833)	2921	−0.081 (−0.587)	1150	−0.038 (−0.040)	411

종속변수: S

괄호 안은 z-value; *** significant at 1% level * significant at 5% level * significant at 10% level
통제 변수, 연도 및 산업 더미 변수에 대한 추정치는 생략

- 제조업

  - ▶ 전체 표본과 비교하여 모든 소유구조 변수의 계수 및 유의도가 같게 나타남

  - ▶ 즉, CEO (−), LARGE_ONE (+), DISPARITY (−), FIVE %_D (+)의 관계가 동일하며 시사점도 같음

- 서비스업

  - ▶ CEO는 음(−)의 관계, LARGE_ONE은 양(+)의 관계를 나타내고 있음

  - ▶ 서비스업은 B2C 비즈니스의 특성상 브랜드 이미지, 평판 등이 중요함. 그리고 최대주주의 평판은 이 기업과 동일시되는 경향이 있으므로 최대주주는 S 영역 지표 개선에 관심을 가지는 것으로 보임

- 금융업

  - ▶ 금융업에서 FOREIGN의 (−) 관계 이외에는, S 영역 성과와 유의한 관계는 발견할 수 없음

  - ▶ 금융업에 가해지는 다양한 규제, 대체로 무난한 이해관계자와의 관계 등을 고려하면 소유구조가 S 영역 지표에 영향을 미치지 못하는 것은 충분히 그럴듯하나, 이 중에서 외국인 지분율만이 (−) 관계를 보이는 것은 의외의 결과임

  - ▶ FOREIGN이 금융업에서만 (−) 관계를 갖는 것은 특별한 시사점을 찾을 수 없음

2.4 지배구조 영역(G)

(1) 전체 표본 분석

- 〈표 17〉은 전체 표본을 대상으로 G 영역에 대해 회귀분석한 결과를 제시하고 있음

- 분석 결과

  - ▶ ESG 전체 지표의 결과와 비교적 큰 차이가 남

  - ▶ CEO는 (−)에서 유의하지 않은 관계로 바뀌었고,

  - ▶ LARGE_ONE은 (+) 관계였으나 역시 유의하지 않은 관계로 바뀌었음

  - ▶ 반면에, LARGE_TOT는 ESG 전체 지표에는 영향을 미치지 않았으나, G와의 관계는 강력한 (−) 관계를 보임

〈표 17〉 전체 표본 회귀분석 결과 (G 영역)

독립변수	종속변수: G					
	(1)	(2)	(3)	(4)	(5)	(6)
CEO	0.004 (0.076)					
LARGE_TOT		−0.126*** (−3.527)				
LARGE_ONE			−0.008 (−0.229)			
FIVE %_D				2.918** (2.297)		
FOREIGN					0.206*** (4.114)	
DISPARITY						−0.186*** (−4.032)
N	4387	4482	4483	4488	4443	4482
R−squared	0.109	0.119	0.111	0.112	0.122	0.122

괄호 안은 z−value;　　*** significant at 1% level　　* significant at 5% level　　* significant at 10% level
통제 변수, 연도 및 산업 더미 변수에 대한 추정치는 생략

- ▶ 소유−지배 괴리도(DISPARITY)는 여전히 유의한 (−) 관계를 보이고,
- ▶ 5% 이상 기관투자자는 여전히 (+) 관계이며,
- ▶ 특이하게 외국인 주주가 처음으로 G 영역과는 (+) 관계를 맺는 것으로 나타남

● 결과 해석

- ▶ CEO가 사익 추구를 위해 전체적인 ESG 활동을 소홀히 하는데 비해 G 영역에는 별로 영향을 미치지 않는 것은 어떻게 해석할 수 있을까? G 영역의 평가 지표 중 상당 수는 상장 기업에게 의무적으로 부여되는 제도들이기 때문에 CEO의 자율 영역이 줄어들었기 때문일 가능성이 있음

- ▶ 대주주(LARGE_ONE, LARGE_TOT)의 변화도 주목할 만함. 특히 '대주주 및 특수관계인 지분율' 변수는 ESG 전체뿐 아니라 E 및 S 영역에서도 종속 변수에 영향을 주지 않았는데, G에 대해서만 강력하게 유의미한 음(−)의 관계를 보임. 한편 대주주는 자신의 지분이 늘어남에 따라 ESG 전체 및 E/S 영역에 대해서는 긍정적인 입장이었는데, G 영역에 대해서만 중립적인 입장으로 바뀌었음. 이는 최대주주가 자신의 지배력에 영향을 미칠 수 있는 G 영역 지표 개선에 대해 뚜렷하게 부정적 입장을 보인다는 뜻임.

DISPARITY와의 음(-)의 관계도 같은 맥락에서 이해할 수 있음

▸ 외국인 주주가 새롭게 양(+)의 관계를 맺는 것으로 나타났는데, 주주친화적 기업경영
및 높은 주주환원으로 상징되는 선진적 지배구조에 익숙한 외국인 주주의 존재가 G
지표 개선에 영향을 미친 것으로 보임

▸ 끝으로 5% 이상 기관투자자도 외국인처럼 지배구조 개선에 관심이 많고 또 이를 개선
할 능력이 있다는 것을 의미함

(2) 규모별 분석

● 〈표 18〉은 G 영역을 종속변수로 자산 규모별로 표본을 나누어 회귀분석한 결과임

〈표 18〉 규모별 회귀분석 결과 (G 영역)

독립변수	종속변수: G					
	대기업		중견기업		중소기업	
	계수	N	계수	N	계수	N
CEO	−0.518** (−2.289)	1057	−0.121 (−1.296)	1188	0.081 (1.123)	2142
LARGE_TOT	−0.204*** (−3.141)	1072	−0.079 (−1.058)	1221	−0.132** (−2.315)	2189
LARGE_ONE	0.028 (0.436)	1072	0.030 (0.477)	1221	−0.041 (−0.695)	2190
FIVE %_D	2.621 (1.117)	1077	5.107** (2.310)	1221	1.854 (0.970)	2190
FOREIGN	0.307*** (4.439)	1072	0.431*** (2.898)	1210	0.092 (1.056)	2161
DISPARITY	−0.436*** (−4.608)	1072	−0.160* (−1.845)	1221	−0.127* (−1.904)	2189

괄호 안은 z-value;　　*** significant at 1% level　　** significant at 5% level　　* significant at 10% level
통제 변수, 연도 및 산업 더미 변수에 대한 추정치는 생략

● 대기업

▸ 전체 표본 결과와 비교하면 CEO는 음(-)의 관계로 전환하였고, 5% 이상 기관투자자
는 유의하지 않은 관계로 바뀌었음. 나머지 소유구조 변수들, 즉, LARGE_TOT (-),
DISPARITY (-), FOREIGN (+)의 상관관계는 전체 표본의 결과와 동일함

- ▶ 최대주주 관련 변수(LARGE_TOT, DISPARITY)의 계수를 종합하면, ESG 전체 및 E/S 영역에 비해 G 영역 지표 개선에 대해 더 부정적 입장을 보이는 것이 중요한 특징임

  - ▶ CEO 변수가 전체 표본에서 유의하지 않은 관계를 보이다가 대기업에서 (-) 관계로 바뀐 것도 최대주주-CEO의 부정적 입장이 강하게 반영된 결과로 보임

  - ▶ 외국인 주주는 지배구조 개선에 긍정적인 영향을 미친 것으로 나타남

  - ▶ 한편 지배구조 개선에 관심을 가지고 영향력을 행사하리라고 예상되는 기관투자자가 대기업 샘플에서 유의하지 않은 관계를 보이는 것은 다소 의외임

- ● 중견기업

  - ▶ 소유-지배 괴리도가 약한 (-) 관계, 외국인이 (+) 관계를 나타낸 것 이외에는, 소유구조 변수와 G 영역 지표 간에 상관관계를 보이지 않음

  - ▶ 중견기업 CEO와 대주주는 지배구조 개선에 특별한 역할을 하지 못하고 있으며, 기관투자자도 G 영역 지표에 대한 영향력이 낮은 것으로 판단됨

- ● 중소기업

  - ▶ 최대주주 및 특수관계인 지분율, 소유-지배 괴리도가 증가함에 따라 G 영역 지표가 나빠지고 있는데, 이로 미루어 중소기업 지배주주들 또한 지배구조 개선에 부정적인 입장을 가지고 있는 것으로 판단됨

(3) 산업별 분석

- ● 〈표 19〉는 제조업, 서비스업, 금융업으로 나누어 G 영역에 대해 회귀분석한 결과를 제시하고 있음

- ● 제조업

  - ▶ 전체 표본과 비교하여 모든 소유구조 변수의 계수 및 유의도가 같게 나타남

  - ▶ 제조업 샘플은 E, S, G 모든 영역에서 전체 표본 결과와 매우 비슷한데, 이는 제조업의 특성이 가장 대표성이 있는 것으로 해석됨

- ● 서비스업

  - ▶ 외국인 지분율이 양(+)의 관계를 갖는 것 이외에는, 나머지 소유구조는 유의한 관계가

나타나지 않음

- ▶ 최대주주가 지배 구조 개선에 대해 부정적이건, 긍정적이건 딱히 큰 영향력을 행사하지 않는다는 점이 특징적임

- 금융업

  - ▶ 외국인이 (+) 관계, 소유-지배 괴리도가 (-) 관계를 보이고 나머지 변수들과는 유의한 관계를 발견할 수 없음
  - ▶ 금융업에 가해지는 지배구조 관련 규제들이 일정한 영향을 미쳤을 것으로 추정됨

<표 19> 산업별 회귀분석 결과 (G 영역)

독립변수	제조업		서비스업		금융업	
	계수	N	계수	N	계수	N
CEO	−0.033 (−0.501)	2872	0.083 (0.824)	1116	0.085 (0.349)	399
LARGE_TOT	−0.174*** (−3.567)	2921	0.007 (0.099)	1150	−0.183** (−2.251)	411
LARGE_ONE	−0.003 (−0.066)	2922	0.005 (0.076)	1150	−0.006 (−0.066)	411
FIVE %_D	3.307** (2.075)	2922	3.259 (1.214)	1155	0.093 (0.027)	411
FOREIGN	0.144* (1.887)	2895	0.302*** (3.564)	1137	0.195** (2.336)	411
DISPARITY	−0.223*** (−4.038)	2921	0.003 (0.027)	1150	−0.448*** (−3.880)	411

괄호 안은 z-value;   *** significant at 1% level   ** significant at 5% level   * significant at 10% level
통제 변수, 연도 및 산업 더미 변수에 대한 추정치는 생략

3. 종속 변수: E/S/G 하위 지표 (Category, KPI, Data Point)

3.1 온실가스 관리(KPI), 온실가스 배출 저감 성과(DP)

- 먼저 온실가스 감축과 관련된 두 개 하위 지표와 소유구조 간의 관계를 살펴봄

- 두 지표의 특성은 다음과 같음

  - ▶ '온실가스 관리' 지표(KPI)는 6개 Data Point로 구성됨 (CDP 대응, TCFD 대응, 온실

가스 배출 저감 활동/저감 목표/저감 성과, 탄소중립 활동)

▶ 이처럼 '온실가스 관리'는 프로세스 설계 등 큰 비용이 들지 않은 '행동'에 초점이 맞춰진 지표라면, '온실가스 배출 저감 성과'는 비용이 수반되는 '성과' 지표임

▶ 물론 중요한 것은 성과 지표인데, 소유구조에 따라서 다소 절차적인 행동 지표에 높은 비중을 두는 기업과 실제 성과를 내는 기업이 차이가 있는지 살펴보고자 함

● ⟨표 20⟩, ⟨표 21⟩은 각각 '온실가스 관리', '온실가스 배출 저감 성과' 지표에 대해 회귀분석한 결과를 제시하고 있음

⟨표 20⟩ 전체 표본 회귀분석 결과 (온실가스 관리)

종속변수: 온실가스 관리						
독립변수	(1)	(2)	(3)	(4)	(5)	(6)
CEO	−0.001* (−1.895)					
LARGE_TOT		−0.000 (−0.074)				
LARGE_ONE			0.001* (1.785)			
FIVE %_D				0.037*** (2.835)		
FOREIGN					−0.001 (−1.157)	
DISPARITY						−0.001** (−2.227)
N	4384	4479	4480	4485	4440	4479

괄호 안은 z-value; *** significant at 1% level ** significant at 5% level * significant at 10% level
통제 변수, 연도 및 산업 더미 변수에 대한 추정치는 생략

● 온실가스 관리 지표

▶ E 지표 결과와 동일하게, CEO와 DISPARITY가 (−) 관계, 기관투자자는 (+)를 보임

▶ 5% 이상 기관투자자 변수는 (+) 관계를 보이는데, 이들이 온실가스 관리에 관심을 가지고 있음을 뜻함

● 온실가스 배출 저감성과 지표

▶ 최대주주 개인 지분율은 (+) 관계를 보이고,

〈표 21〉 전체 표본 회귀분석 결과 (온실가스 배출 저감 성과)

독립변수	종속변수: 온실가스 배출 저감 성과					
	(1)	(2)	(3)	(4)	(5)	(6)
CEO	−0.001 (−0.735)					
LARGE_TOT		0.001 (1.150)				
LARGE_ONE			0.001** (2.121)			
FIVE %_D				0.036** (1.967)		
FOREIGN					−0.002*** (−2.674)	
DISPARITY						−0.001 (−1.089)
N	4387	4482	4483	4488	4443	4482

괄호 안은 z-value;　***significant at 1% level　**significant at 5% level　*significant at 10% level

통제 변수, 연도 및 산업 더미 변수에 대한 추정치는 생략

- ▶ 외국인은 (−) 관계를 보이는데, 탄소중립에 관심이 많은 외국인이 비우호적인 성향을 보인 것이 의외이나, 고난도 기술과 많은 비용 지출에 대한 부담을 반영한 것으로 보임.
- ▶ 한편 5% 이상 기관투자자들은 (+) 관계로, 온실가스 관리 및 배출 저감 모두에 대해 일관되게 긍정적인 관심을 보임

- ● 두 지표에 대한 분석 결과를 비교해 보면,
  - ▶ 기관투자자는 두 지표 모두에서 (+) 관계를 보여, 온실가스 감축을 포함한 환경 문제 개선에 중요한 역할을 할 것으로 기대됨
  - ▶ 외국인이 온실가스 배출 저감성과에 비우호적인 성향을 보인 것은 비용 지출 대비 성과에 대한 확신이 아직 부족한 것으로 해석됨
  - ▶ CEO 및 최대주주의 경우 의미 있는 해석이 어려운 결과를 보임

3.2 고용 평등 및 다양성(KPI), 근로자 안전 및 보건(KPI)

- ● 〈표 22〉, 〈표 23〉은 각각 '고용 평등 및 다양성', '근로자 안전 및 보건' 지표에 대해 회귀분석한 결과를 제시하고 있음

- 이 두 지표는 S 영역의 가장 대표적인 하위 지표이고, 본 보고서의 제2부 및 3부의 연구 주제임

〈표 22〉 전체 표본 회귀분석 결과 (고용 평등 및 다양성)

종속변수: 고용 평등 및 다양성						
독립변수	(1)	(2)	(3)	(4)	(5)	(6)
CEO	0.001 (1.377)					
LARGE_TOT		−0.001* (−1.814)				
LARGE_ONE			−0.001 (−1.402)			
FIVE %_D				0.005 (0.356)		
FOREIGN					0.000 (0.495)	
DISPARITY						−0.000 (−0.462)
N	4384	4479	4480	4485	4440	4479

괄호 안은 z-value;   *** significant at 1% level   ** significant at 5% level   * significant at 10% level
통제 변수, 연도 및 산업 더미 변수에 대한 추정치는 생략

〈표 23〉 전체 표본 회귀분석 결과 (근로자 안전 및 보건)

종속변수: 근로자 안전 및 보건						
독립변수	(1)	(2)	(3)	(4)	(5)	(6)
CEO	−0.002** (−2.445)					
LARGE_TOT		0.000 (0.070)				
LARGE_ONE			0.001* (1.723)			
FIVE_%				0.033** (2.134)		
FOREIGN					−0.001 (−0.832)	
DISPARITY						−0.001* (−1.958)
N	3851	3917	3918	3920	3887	3917

괄호 안은 z-value;   *** significant at 1% level   ** significant at 5% level   * significant at 10% level
통제 변수, 연도 및 산업 더미 변수에 대한 추정치는 생략

- '고용평등 및 다양성' 지표는 다음의 3개 Data Point로 구성됨

  ▶ 고용다양성 증진 프로그램, 여성직원 수 비율, 장애인 고용 현황

  ▶ 이 지표와는 '최대주주 및 특수관계인' 지분만이 유의한 (-) 관계를 보이며, 이는 최대
    주주가 지배권을 행사하는 기업의 비용 지출에 부정적인 입장을 보인다는 일관된 결과
    와 일치함

  ▶ CEO 지분이 S 전체 영역과 달리 유의한 영향을 미치지 않는 것은, 이들 지표가 대체로
    법적 의무사항이기 때문에 CEO가 적극적으로 관여할 여지가 작기 때문인 것으로 생
    각됨

- '근로자 안전 및 보건' 지표는 다음의 7개 DP로 구성됨

  ▶ 안전보건 정책/조직/경영시스템 인증, 안전사고 예방 목표/프로그램, 협력사 대상 안
    전보건 프로그램, 산업재해 발생

  ▶ 이 지표에 대한 분석 결과는 S 영역 전체에 대한 결과와 동일해서, CEO와 DISPARITY
    가 (-) 관계, FIVE %_D가 (+) 관계를 보임

  ▶ 중대재해처벌법 시행에도 불구하고 CEO가 (-) 관계를 보이는 것은 아직 그 효과가 기
    업 내부에 체화되지 않았기 때문으로 보임

3.3 사회공헌 활동(KPI), 매출액 대비 기부금(DP)

- 여기에서는 오랫동안 기업의 대표적 사회적 책임(CSR) 활동으로 여겨져 온 '사회공헌 활
  동', 그리고 그 중에서도 바로 직접적인 현금 지출을 의미하는 '매출액 대비 기부금' 비율
  에 대해 서로 다른 소유구조를 가진 기업들이 어떻게 반응하는지 추정해 봄

- 〈표 24〉, 〈표 25〉는 각각 '사회공헌 활동', '매출액 대비 기부금' 지표에 대해 회귀분석한
  결과를 제시하고 있음

〈표 24〉 전체 표본 회귀분석 결과 (사회공헌 활동)

종속변수: 사회공헌 활동						
독립변수	(1)	(2)	(3)	(4)	(5)	(6)
CEO	−0.002** (−2.099)					
LARGE_TOT		−0.001 (−0.940)				
LARGE_ONE			0.001* (1.649)			
FIVE %_D				0.022 (1.357)		
FOREIGN					0.001* (1.674)	
DISPARITY						−0.002*** (−3.179)
N	4384	4479	4480	4485	4440	4479

괄호 안은 z-value; *** significant at 1% level ** significant at 5% level * significant at 10% level
통제 변수, 연도 및 산업 더미 변수에 대한 추정치는 생략

〈표 25〉 전체 표본 회귀분석 결과 (매출액 대비 기부금 비율)

종속변수: 매출액 대비 기부금 비율						
독립변수	(1)	(2)	(3)	(4)	(5)	(6)
CEO	0.001 (0.584)					
LARGE_TOT		−0.001** (−2.064)				
LARGE_ONE			−0.001 (−1.514)			
FIVE %_D				0.041** (2.281)		
FOREIGN					0.001** (2.195)	
DISPARITY						−0.000 (−0.616)
N	4387	4482	4483	4488	4443	4482

괄호 안은 z-value; *** significant at 1% level ** significant at 5% level * significant at 10% level
통제 변수, 연도 및 산업 더미 변수에 대한 추정치는 생략

- ‘사회공헌 활동’ 지표는 3개 Data Point로 구성됨

  ▶ 사회공헌 프로그램, 업종 관련성이 있는 프로그램 기부금 대비 매출액 비율

▶ 이 지표와는 CEO 및 DISPARITY 변수는 (-) 관계, LARGE_ONE과 FOREIGN은 (+) 관계를 보임

▶ 이 중에서 외국인 변수를 제외한 나머지 변수의 결과는 S 영역 결과와 동일하므로 사회공헌활동은 전형적인 S 영역 평가 지표로 해석될 여지가 있음. 그러나, 최근에 관심을 끄는 S 영역 지표가 아닌, 전통적인 사회공헌활동 지표에서 조차 CEO 및 DISPARITY 지표가 음(-)의 관계를 보이고 있는데, S 영역 전반, 더 나아가 ESG 전체 영역에서 경영진이 좀 더 전향적 자세를 취할 필요성이 있음을 의미함

▶ 외국인도 외국 기업에 일반화된 사회공헌활동에 대해서 긍정적인 시각을 가진 것으로 확인됨

● '매출액 대비 기부금 비율' 지표는 가장 전통적인 사회공헌으로 여겨졌으며, 대기업 집단의 "오너"가 기업 기부금을 활용하여 자신의 이미지를 개선하는데 활용하여 왔음

▶ 이 사실을 감안할 때 LARGE_TOT이 (-) 관계, LARGE_ONE이 유의하지 않은 관계로 나타난 것은 예상을 다소 벗어난 결과임

▶ 외국인 및 5% 이상 기관투자자의 (+) 관계도 다소 특이하게 볼 수 있으나, 이들은 일정 수준의 기부금 지출은 선진 문화로 정착된 '기업 시민의 책무'로 이해하고 있는 듯함

3.4 이사회 구성과 활동(Category), ESG 경영 인프라(Category)

● '이사회 구성과 활동' 및 'ESG 경영 인프라 지표의 특성

▶ 이사회 관련 세부 지표들은 사외이사 추천위원회/감사위원회 설치 여부, 이사회 의장의 독립성, 사외이사 현황, 성별 구성 현황 등 상당 부분 의무화되었거나 권장되는 사항들이며, 개선하겠다는 의지가 있다면 비교적 쉽게, 그리고 비용을 들이지 않고 지배구조를 개선할 수 있는 항목들임

▶ 'ESG 경영 인프라' 역시 ESG 위원회 설치 여부, ESG 정보 공개 여부, 윤리경영 프로그램 등 ESG 경영을 지향하는 기업이라면 초기에 큰 어려움 없이 갖출 수 있는 제도들임

▶ 즉, 실제 비용이나 제도 변화가 수반되지 않고도 형식적인 내용만 갖추면 되는, 어느 정도 "ESG-washing" 성격이 있는 지표들임

- 〈표 26〉, 〈표 27〉은 이 두 지표에 대해 회귀분석한 결과를 제시하고 있음

〈표 26〉 전체 표본 회귀분석 결과 (이사회 구성과 활동)

독립변수	종속변수: 이사회 구성과 활동					
	(1)	(2)	(3)	(4)	(5)	(6)
CEO	−0.073** (−2.424)					
LARGE_TOT		−0.073*** (−3.602)				
LARGE_ONE			−0.003 (−0.142)			
FIVE %_D				0.663 (0.935)		
FOREIGN					0.026 (0.841)	
DISPARITY						−0.112*** (−4.575)
N	4387	4482	4483	4488	4443	4482

괄호 안은 z-value;　*** significant at 1% level　** significant at 5% level　* significant at 10% level
통제 변수, 연도 및 산업 더미 변수에 대한 추정치는 생략

〈표 27〉 전체 표본 회귀분석 결과 (ESG 경영 인프라)

독립변수	종속변수: ESG 경영 인프라					
	(1)	(2)	(3)	(4)	(5)	(6)
CEO	−0.263*** (−6.043)					
LARGE_TOT		−0.042 (−1.258)				
LARGE_ONE			0.074** (2.272)			
FIVE %_D				1.519 (1.412)		
FOREIGN					0.078 (1.454)	
DISPARITY						−0.186*** (−4.449)
N	4387	4482	4483	4488	4443	4482

괄호 안은 z-value;　*** significant at 1% level　** significant at 5% level　* significant at 10% level
통제 변수, 연도 및 산업 더미 변수에 대한 추정치는 생략

- 이 지표들의 이런 특성에도 불구하고, 이 두 지표와 CEO, DISPARITY, 그리고 최대주주 변수는 강한 (-) 관계가 나타나는데, 이들은 자신의 지위에 조금이라도 부담이 되는 제도 도입에 대해 부정적인 입장을 보이기 때문으로 해석됨
- 기관투자자는 여기에 제시되지 않은 여러 회귀모형에서 (+) 관계를 확인할 수 있는데, 이들은 이러한 제도 도입을 기업 지배구조 선진화의 첫 단계로 인식하는 듯함
- 그에 비해 외국인은 유의한 관계를 보이지 않음

3.5 주주가치 환원(KPI), 총주주수익률(DP)

- '주주가치 환원' 지표는 다음 4개 DP로 구성되며, '총주주수익률'은 그 중 하나임
    - ▶ 총주주수익률, 과소배당 여부, 주식소각 여부, 주주환원정책 통지 여부
    - ▶ 이 지표는 3.4에서 논의한 제도 개선 지표보다는 훨씬 더 실질적인 지배구조 관련 항목임
- 〈표 28〉, 〈표 29〉는 각각 '주주가치 환원', '총주주수익률' 지표에 대해 회귀분석한 결과를 제시하고 있음
- 주주가치 환원 지표
    - ▶ 이 지표에 대해서 LARGE_TOT, LARGE_ONE은 (-) 관계를 보이고 있는데, 이는 전형적인 대리인 행동으로 보임
    - ▶ 특히 다른 지표에서는 대리인 행동을 거의 나타내지 않던 LARGE_ONE이 이 항목에서 (-) 관계를 보인 것도 주목할 만함
    - ▶ 그에 비해 CEO의 (+) 관계 전환도 의외임
    - ▶ 기관투자자 및 외국인의 주주가치 환원에 대한 (+) 영향력은 예상에 부합함
- 총주주수익률은 주주가치 환원 지표 중 가장 직접적이고 정량적인 항목임
    - ▶ 외국인 및 5% 이상 기관투자자는 예상과 부합되게 (+) 관계가 확인됨
    - ▶ CEO는 주주가치 환원 지표와 10% 수준에서 (+) 관계를 보인데 이어, 총주주수익률 지표와는 1% 수준에서 강한 (+) 관계를 나타냄. 이 결과에 대해, CEO 지분이 늘어나면 자신의 자산 수익률에 즉각적으로 도움이 되는 활동에 대해서는 적극적인 입장을 보인다고 해석할 수 있음

〈표 28〉 전체 표본 회귀분석 결과 (주주가치 환원)

독립변수	종속변수: 주주가치 환원					
	(1)	(2)	(3)	(4)	(5)	(6)
CEO	0.001** (1.972)					
LARGE_TOT		−0.000* (−1.816)				
LARGE_ONE			−0.000** (−2.095)			
FIVE %_D				0.029*** (3.944)		
FOREIGN					0.001*** (3.728)	
DISPARITY						0.000 (0.251)
N	4308	4399	4400	4405	4360	4399

괄호 안은 z-value;　　***significant at 1% level　　**significant at 5% level　　*significant at 10% level
통제 변수, 연도 및 산업 더미 변수에 대한 추정치는 생략

〈표 29〉 전체 표본 회귀분석 결과 (총주주수익률)

독립변수	종속변수: 총주주수익률					
	(1)	(2)	(3)	(4)	(5)	(6)
CEO	0.001*** (3.214)					
LARGE_TOT		0.000 (0.217)				
LARGE_ONE			−0.000 (−1.061)			
FIVE %_D				0.042*** (4.158)		
FOREIGN					0.001** (2.314)	
DISPARITY						0.001 (1.563)
N	4348	4441	4442	4447	4402	4441

괄호 안은 z-value;　　***significant at 1% level　　**significant at 5% level　　*significant at 10% level
통제 변수, 연도 및 산업 더미 변수에 대한 추정치는 생략

3.6 관계사 위험(Category), 관계사 거래(KPI)

- '관계사 위험' 및 '관계사 거래' 지표의 특성

  ▶ 기업 집단에서 관계사 거래 및 이익의 이전 등은 기업 지배구조에서 중요한 이슈

  ▶ '관계사 위험' 지표는 내부거래 위반(부당 내부거래 건수, 대규모 내부거래 공시 위반 건수)과 관계사 거래(매출액 대비 관계사 매출액/매입액)로 구성됨

  ▶ '관계사 거래' 지표는 '관계사 위험' 중 보다 직접적, 정량적 지표임

  ▶ 이 두 지표는 기업집단 내부 거래 정도와 리스크가 소유구조에 따라 어떻게 달라지는지 추정하려는 목적으로 선택되었음

- 〈표 30〉, 〈표 31〉은 각각 '관계사 위험', '관계사 거래' 지표에 대해 회귀분석한 결과를 제시하고 있음

〈표 30〉 전체 표본 회귀분석 결과 (관계사 위험)

독립변수	종속변수: 관계사 위험					
	(1)	(2)	(3)	(4)	(5)	(6)
CEO	−0.034 (−0.475)					
LARGE_TOT		−0.017 (−0.376)				
LARGE_ONE			0.015 (0.339)			
FIVE %_D				1.314 (0.861)		
FOREIGN					0.028 (0.426)	
DISPARITY						−0.052 (−0.874)
N	4387	4482	4483	4488	4443	4482

괄호 안은 z-value;　*** significant at 1% level　** significant at 5% level　* significant at 10% level
통제 변수, 연도 및 산업 더미 변수에 대한 추정치는 생략

〈표 31〉 전체 표본 회귀분석 결과 (관계사 거래)

독립변수	종속변수: 관계사 거래					
	(1)	(2)	(3)	(4)	(5)	(6)
CEO	0.001 (1.125)					
LARGE_TOT		−0.001 (−1.508)				
LARGE_ONE			−0.001 (−0.947)			
FIVE_%				0.016 (0.733)		
FOREIGN					−0.002* (−1.784)	
DISPARITY						−0.001 (−0.613)
N	4387	4482	4483	4488	4443	4482

괄호 안은 z-value; *** significant at 1% level   ** significant at 5% level   * significant at 10% level
통제 변수, 연도 및 산업 더미 변수에 대한 추정치는 생략

- 두 지표에서 유일하게 관계사 거래 점수와 (−) 관계를 나타낸 외국인 지분을 제외하고는 나머지 소유구조 변수들이 모두 유의하지 않은 관계를 보임
  - ▶ 지표의 성격상 LARGE_TOT, DISPARITY 변수 값이 커질수록 이 두 지표 점수가 나빠지는 (−) 관계가 예상됨에도, 실제 결과를 보면 이들 지표는 물론이고, 실제로 내부 거래를 실행하는 CEO 변수도 유의한 관계를 보이지 않음
  - ▶ 5% 기관투자자 또한 관계사 거래에 대해 유의한 영향을 미치지 못한다는 점도 특이함
  - ▶ 끝으로, 외국인 주주가 관계사 위험이나 거래를 억지하는 효과가 없다는 결과(음(−)의 관계)도 직관적으로나 이론적으로 해석하기 어려움

IV   결론

1. 결과 요약

- 본 연구는 대리인 이론, 이해관계자 이론 등 다양한 이론과 선행 연구 결과를 검토하여 기업의 소유구조가 ESG 성과 지표에 어떤 영향을 미치는지 분석하였음. 회귀분석을 시행함에 있어 소유구조 변수로는 CEO, 대주주, 소유-지배 괴리도, 기관투자자, 외국인 등 다양한 소유구조를 사용하였으며, 종속변수로 사용되는 ESG 성과 지표 또한 ESG 전체 지표, E/S/G 영역별 지표뿐 아니라 각 영역의 12개 하위 지표에 대해 분석하였음

1.1 ESG 전체 지표

(1) 전체 표본

- 분석 결과
  - ▶ CEO 지분율은 ESG 전체 점수와 5% 유의 수준에서 음(-)의 관계를 보이고 있음
  - ▶ 최대주주 본인의 지분율(LARGE_ONE)은 ESG 성과와 양(+)의 관계를 보이지만, 지분율이 일정 수준을 넘으면 (+) 관계가 약화됨. 한편, 최대주주 및 특수관계인 지분율(LARGE_TOT)은 음(-)의 관계임이 확인됨
  - ▶ 소유-지배 괴리도(DISPARITY)가 커질수록 ESG 성과는 유의미하게 나빠짐
  - ▶ 5% 이상 기관투자자가 존재하면 ESG 성과가 통계적으로 유의하게 증가하였으나,
  - ▶ 외국인 투자자 지분율과 ESG 성과 간에는 유의한 상관관계를 확인할 수 없었음
- 결과 해석 및 시사점
  - ▶ CEO 지분이 증가할수록 사익 추구를 위해 기업가치 상승에 도움이 되는 ESG 활동을 게을리하는 것으로 해석할 수 있음. 그러나 이것이 지분을 거의 갖지 않은 다수의 전문경영인 때문이 아니라, 아주 높은 지분율을 가진 소수 최대주주-CEO의 사익 추구로 말미암은 것일 수 있음.
  - ▶ 최대주주는 본인 지분이 많은 기업에 대해서는 지속가능성 확보를 위해 ESG 활동에 적극적이지만, 관계사를 통해 지배권은 행사하지만 본인 지분이 작은 기업의 ESG 활동에 부정적일 가능성이 큼
  - ▶ 소유지배 괴리도와 ESG 성과 간에 (-) 관계를 보인다는 것은 장기적인 기업가치 제고

에 필수적인 ESG 활동을 희생하면서 다른 기업으로의 이전(tunneling) 자원을 마련하는 것으로 의심할 여지가 있음

▸ 기관투자자는 기업 활동을 모니터링하고 기업 행동에 관여할 수 있음. 이를 통해 기관투자자와 ESG 성과 간의 양(+)의 관계를 만들어낸 것으로 판단됨

▸ 외국인의 경우, 4분위 더미 변수 분석에서 2분위(25~50%) 이상 지분율 기업이 하위 1분위(25% 미만) 기업에 비해 ESG 성과가 더 좋은 것으로 확인되었음

(2) 규모별 분석

● 대기업

▸ 전체 표본과 비교할 때 기관투자자((+)) 및 소유-지배 괴리도((-))가 ESG 성과에 미치는 영향은 동일함

▸ CEO는 유의하지 않은 관계로 바뀌었는데, 이는 CEO와 ESG 지표 간의 (-) 관계가 나타난 주된 원인으로 꼽힌 최대주주-CEO 숫자가 대기업에서는 크게 줄어들어 CEO 변수의 영향이 사라졌기 때문으로 보임

▸ 최대주주 관련 변수의 ESG에 대한 부정적 영향은 강화되었는데, 대기업 집단에서 최대주주와 관계사 집단이 공동의 이익을 추구하는 경향이 있고 이에 장애 요인으로 작용하는 ESG 활동에 부정적이기 때문인 것으로 판단됨

● 중견기업

▸ CEO(-), 최대주주 개인(+), 소유-지배 괴리도(-)의 관계는 전체 표본과 동일함

▸ 한편 5% 이상 기관투자자 더미 변수는 유의미하지 않은 것으로 나타났는데, 이 비율이 50%로 대기업의 80%와 큰 차이를 보이기 때문인 것으로 판단됨

● 중소기업의 경우, 소유-지배 괴리도가 10% 유의도 수준에서 음(-)의 관계를 보이는 것을 제외하고는 유의한 상관관계를 보이는 소유구조 변수가 없음

(3) 산업별 분석

● 제조업

▸ 전체 표본 결과와 완전히 동일함. 즉, 소유구조 별로 CEO (-), LARGE_ONE (+),

DISPARITY (-), FIVE %_D (+) 관계를 보임

- ▶ 또한 LARGE_TOT도 유의한 음(-)의 관계를 보이고 있는데, 제조업에서는 최대주주가 관계사의 ESG 활동에 대해서도 직접 영향을 미치는 것으로 보임
- 서비스업에서는 LARGE_ONE이 양(+)의 유의한 관계를 갖는 것을 빼고는, 나머지 소유구조 변수는 영향을 미치지 않는 것으로 판단됨
- 금융업
  - ▶ 최대주주 및 특수관계인 지분율이 유의한 음(-)의 관계를 맺는 것을 제외하고는 나머지 소유구조 변수들은 유의한 관계를 보이지 않고 있음
  - ▶ 대부분 소유구조 변수의 영향이 없다는 것은 금융업이 감독기관의 세밀한 규제를 받고 있기 때문에 ESG 관점에서 큰 차이를 나타낼 여지가 없다는 의미로 해석됨

1.2 E 영역 지표

(1) 전체 표본

- 분석 결과는 ESG 전체 점수의 경우와 대체로 유사함
- 결과 해석
  - ▶ 최대주주는 본인 지분이 많은 기업의 환경 문제 해결에 적극적인 반면에, 지배력은 가지고 있지만 소유 지분이 작은 기업에서는 소극적 입장임. 이는 소유-지배 괴리도가 큰 기업에서 흔히 일어나는 대리인 행동의 결과로 보임
  - ▶ 기관투자자는 온실가스 배출 등 환경 문제 해결에 적극적인 관심을 가지고 있음
  - ▶ 외국인 주주도 2분위(25%~50%) 기업부터는 양(+)의 상관관계가 존재함

(2) 규모별 분석

- 대기업
  - ▶ 전체 표본과 비교할 때, (1) CEO가 유의하지 않은 관계, (2) 기관투자자의 (+) 관계, (3) 외국인의 유의하지 않은 관계는 동일함
  - ▶ 한편, 최대주주는 전체 표본에 비해 환경 문제 개선에 대한 부정적 태도가 강화되었음.

대기업의 E 영역 점수는 중소·중견기업에 비해 훨씬 높지만, 이것이 '좋은' 소유구조 덕분이라고 볼 여지는 별로 없음

- 중견기업에서 최대주주 개인(+), 소유-지배 괴리도(−)의 관계는 전체 표본과 같음

- 중소기업에서는 E 영역 지표와 유의한 상관관계를 보이는 소유구조 변수가 없음

(3) 산업별 분석

- 제조업은 전체 표본과 비교하여 모든 소유구조 변수의 계수 및 유의도가 유사함

- 서비스업은 CEO가 음(−)의 관계를 갖는 것을 빼고는, 나머지 소유구조는 유의한 관계가 나타나지 않음

- 금융업에서도 소유구조와 환경 영역 성과와는 유의한 관계를 발견할 수 없음

(4) 하위 지표 분석: 온실가스 관리, 온실가스 배출 저감 성과

- '온실가스 관리' 지표는 프로세스 설계 등 큰 비용이 필요하지 않은 '행동'에 초점이 맞춰진 지표라면, '온실가스 배출 저감 성과'는 대표적인 '성과' 지표임

- 두 지표에 대한 분석 결과를 종합하면,

  ▶ 기관투자자는 두 지표 모두에서 (+) 관계를 보여, 온실가스 감축을 포함한 환경 문제 개선에 중요한 역할을 할 것으로 기대됨

  ▶ 외국인은 온실가스 배출 저감 성과에 비우호적인 성향을 보이고 있는데, 비용 지출 대비 성과에 대한 확신이 아직 부족한 것으로 해석됨

1.3 S 영역 지표

(1) 전체 표본

- 분석 결과: ESG 전체를 대상으로 분석한 결과와 유사하나, LARGE_ONE의 (+) 계수 및 유의도와 DISPARITY의 (−) 계수 및 유의도가 환경 분야에 비해 증가함

- 결과 해석

  ▶ 최대주주는 자신의 지분이 많은 기업의 사회 문제 해결에 관심을 가지고 있지만, 지배력은 가지고 있으나 소유 지분이 작은 기업에서는 소극적인 입장임

  ▶ 사회 문제는 환경 문제에 비해 많은 이해관계자와 깊은 관계를 맺고 있기 때문에, 최대주주 개인과 동일시되는 기업의 사회적 평판을 잘 유지할 인센티브가 있음. 따라서 최대주주 지분이 많은 '핵심' 기업에서 S 영역 지표에 더 관심을 기울이고, 그 대신 '비핵심' 기업의 S 영역에 대해서는 자원 투입을 덜 하는 방향으로 의사 결정이 이루어진 것으로 판단됨

  ▶ 5% 이상 기관투자자는 사회 영역 지표와 유의한 양(+)의 관계가 확인되고, 외국인 주주 또한 2분위 기업부터 유의한 (+) 관계를 보임

(2) 규모별 분석

- 대기업

  ▶ 전체 표본과 비교할 때 CEO는 유의하지 않은 관계로 바뀌었는데, 최대주주-CEO의 숫자가 대기업에서는 크게 줄어들었기 때문으로 보임

  ▶ 5% 이상 기관투자자의 존재는 S 영역 지표 개선에 기여하고 있음

  ▶ 대기업에서는 사회 문제 개선에 대해서도 전체 표본에 비해 최대주주의 부정적 태도가 강화되었음

- 중견기업

  ▶ CEO (+), 최대주주 개인 (+), 소유-지배 괴리도 (-) 관계는 전체 표본과 같음

  ▶ 5% 이상 기관투자자의 S 영역 지표에 대한 영향력은 미미한 것으로 나타남

- 중소기업

  ▶ CEO 지분율이 S 영역 지표와 음(-)의 관계를 보이는데, 중소기업에 최대주주-CEO 숫자가 더 많이 존재하고 이들이 S 영역 개선에 자원을 사용하는 것에 부정적인 입장을 보이는 것으로 판단됨

(3) 산업별 분석

- 제조업은 전체 표본과 비교하여 모든 소유구조 변수의 관계가 같게 나타남

- 서비스업은 CEO (-), LARGE_ONE (+) 관계를 나타냄. 서비스업은 B2C 비즈니스 특성 상 브랜드 이미지가 중요하고, 최대주주의 평판이 이 기업과 동일시되는 경향이 있으므로 최대주주는 S 영역 지표 개선에 관심을 가지는 것으로 보임

- 금융업에서 FOREIGN의 (-) 관계 이외에는 S 영역 성과와 유의한 관계는 발견할 수 없음

(4) 하위 지표 분석

- 고용평등 및 다양성, 근로자 안전 및 보건

  - '고용평등 및 다양성' 지표와는 '최대주주 및 특수관계인 지분만이 유의한 (-) 관계를 보임

  - '근로자 안전 및 보건' 지표에 대한 분석 결과는 S 영역 전체에 대한 결과와 동일해서, CEO와 DISPARITY가 (-) 관계, FIVE %_D가 (+) 관계를 보임

- 사회공헌 활동, 매출액 대비 기부금

  - 이들은 오랫동안 대표적인 CSR 활동으로 여겨져 온 프로그램임

  - '사회공헌 활동' 지표와는 외국인 변수(+)를 제외한 나머지 변수의 결과가 ESG 전체 및 S 영역 결과와 동일하므로 사회공헌활동은 전형적인 ESG 평가 지표로 해석될 여지 가 있음

  - '매출액 대비 기부금 비율' 지표는 가장 전통적인 사회공헌으로서, 기업 이미지를 개선 하는데 활용하여 왔음. 그러나 최대주주 변수는 유의미하지 않거나 부정적인 관계를 보이는 반면에, 외국인 및 5% 이상 기관투자자는 (+) 관계가 확인됨

1.4 G 영역 지표

(1) 전체 표본

- 분석 결과

  - E&S 영역과 달리, G 영역 결과는 ESG 전체 결과와 비교적 큰 차이가 남

- ▸ CEO(-), LARGE_ONE(+)은 유의하지 않은 관계로 바뀐 반면에, LARGE_TOT는 ESG 유의하지 않은 관계에서 강력한 (-) 관계로 바뀜
  - ▸ 소유-지배 괴리도(-), 5% 이상 기관투자자(+) 관계는 ESG 전체와 동일함
  - ▸ 특이하게 외국인 주주가 처음으로 G 영역과는 (+) 관계를 맺는 것으로 나타남
- 결과 해석
  - ▸ 대주주(LARGE_ONE, LARGE_TOT) 변수는 전체적으로 음(-)의 관계가 강화되었는데, 이는 대주주가 자신의 지배력에 영향을 미칠 수 있는 G 영역 지표 개선에 대해 뚜렷하게 부정적 입장을 보이는 것으로 해석됨. DISPARITY와의 음(-)의 관계도 같은 맥락에서 이해할 수 있음
  - ▸ 외국인 주주가 새롭게 양(+)의 관계를 맺는 것으로 나타났는데, 주주친화적 기업경영 및 높은 주주환원으로 상징되는 선진적 지배구조에 익숙한 외국인 주주의 존재가 G 지표 개선에 영향을 미친 것으로 보임

(2) 규모별 분석

- 대기업은 전체 표본 결과와 비교하여, CEO는 (-) 관계로 전환하였고, 기관투자자는 유의하지 않은 관계로 바뀌었음. 나머지 LARGE_TOT (-), DISPARITY (-), FOREIGN (+)의 상관관계는 전체 표본과 동일함
- 중견기업은 소유-지배 괴리도가 약한 (-) 관계, 외국인은 (+) 관계를 나타냄
- 중소기업의 경우, LARGE_TOT 및 DISPARITY가 증가함에 따라 G 영역 지표가 나빠지고 있으므로, 중소기업 지배주주 또한 지배구조 개선에 부정적인 태도를 가지고 있는 것으로 판단됨

(3) 산업별 분석

- 제조업은 전체 표본과 비교하여 모든 소유구조 변수의 계수 및 유의도가 같게 나타남. 제조업 표본은 E, S, G 모든 영역에서 전체 표본 결과와 매우 비슷함
- 서비스업은 외국인 지분율(+) 이외의 소유구조는 유의한 관계가 나타나지 않음

- 금융업에서도 소유-지배 괴리도(-), 외국인 (+) 관계 이외에는 유의한 관계를 발견할 수 없음

(4) 하위 지표 분석

- 이사회 구성과 활동, ESG 경영 인프라

  - ‘이사회 구성과 활동’ 및 ‘ESG 경영 인프라’ 지표는 의지만 있다면 비교적 쉽게 개선할 수 있는 항목임. 즉, 실제 비용이나 제도 변화가 수반되지 않고도 형식적인 내용만 갖추면 되는, “ESG-washing” 성격이 있는 지표들임

  - 그럼에도 불구하고, CEO, LARGE_TOT, DISPARITY는 강한 (-) 관계가 나타나는데, 이들은 자신의 지위에 부담이 되는 모든 제도에 대해 부정적인 입장을 보이기 때문으로 해석됨

- 주주가치 환원, 총주주수익률

  - ‘주주가치 환원’ 지표는 LARGE_TOT, LARGE_ONE과 (-) 관계를 보이고 있는데, 이는 전형적인 대리인 행동의 결과로 보임

  - CEO는 주주가치 환원, 총주주수익률 지표와 (+) 관계를 나타냄. 이 결과에 대해, CEO 지분이 늘어나면 자신의 자산 수익률에 즉각적으로 도움이 되는 활동에 대해서는 적극적인 입장을 보인다고 해석할 수 있음

  - 외국인 및 기관투자자는 두 지표 모두 예상과 부합되게 (+) 관계가 확인됨

- 관계사 위험, 관계사 거래

  - 이 두 지표는 기업집단 내부 거래 정도와 리스크가 소유구조에 따라 어떻게 달라지는지 추정하려는 목적으로 선택되었으나,

  - 유일하게 ‘관계사 거래’ 점수와 (-) 관계를 나타낸 외국인 지분을 제외하고는 나머지 소유구조 변수들이 모두 유의하지 않은 관계를 보임

1.5 논의의 종합

- 전체적으로 볼 때, 소유구조가 ESG 전체에 미치는 영향과 E/S 영역에 미치는 영향은 비슷

한데 비해, G 영역의 결과는 다소 차이가 있음

- 소유구조 변수별 종합

  ▶ 소유–지배 괴리도 변수는 ESG, E/S/G 영역 모두에서 음(–)의 관계를 보임. 이 변수를
  일반적으로 대리인 행동의 지표로 간주하는 점을 고려할 때, 소유–지배 괴리도가 큰
  기업에서 일관되게 ESG 성과가 부정적으로 나오는 점은 장기적인 지속가능성 확보 관
  점에서 바람직하지 않음

  ▶ 최대주주 관련 두 변수는, 최대주주 본인 지분이 G 영역을 제외하고는 모두 (+)의 관계
  를 보이는데 비해, 최대주주 및 특수관계인 지분은 ESG 전체와 G 영역에서 (–) 관계
  를 보임. 소유–지배 괴리도가 (–)의 관계를 나타낸다는 점을 함께 고려하면 최대주주
  는 특수관계인 지분을 통해 직·간접적으로 영향을 미치는 셈임

  ▶ CEO는 영역에 따라 (–) 관계와 유의하지 않은 관계가 교차하여 나타남

  ▶ 5% 이상 기관투자자는 모든 영역에서 (+) 관계를 보이며, 적극적으로 ESG. 경영을 독
  려, 지원하고 있음

  ▶ 외국인은 G 영역에 긍정적 영향을 미치는 것을 제외하고는 수동적인 역할을 하는 것
  처럼 보이지만, 기관투자자 중 상당 수가 외국인이라는 점을 고려해야 함

- 자산 규모별 분석

  ▶ 대기업은 ESG 전체, E/S/G 영역 모두에서 비슷한 결과를 보이고 있음. 가장 뚜렷한 특
  징은 전체 표본에 비해 최대주주 변수들의 (–) 관계가 더욱 강화되고 있다는 점임. 대
  기업의 ESG 평가 점수가 뛰어나지만, 정작 최대주주가 ESG 평가 점수 향상에 긍정적
  인 영향을 미치고 있지는 못한 셈임

  ▶ 중견기업의 분석 결과는 전체 표본과 대체로 유사함

  ▶ 중소기업에서는 대부분의 소유구조 변수가 미미한 영향을 미치고 있으나, G 영역만큼
  은 최대주주가 부정적인 입장인 것으로 파악됨

- 산업별 분석

  ▶ 제조업은 모든 영역에서 전체 표본의 경우와 같은 결과를 보임

  ▶ 서비스업과 금융업은 일부 변수를 제외하고는 거의 모든 영역에서 소유구조가 ESG 성
  과에 영향을 미치지 못함

2. 시사점

2.1 주요 이슈별 시사점

- 분석을 통해 파악한 주요 이슈별로 정책, 투자, 경영 전략 관점에서의 시사점을 정리함

(1) 소유-지배 괴리도와 대리인 행동

- 소유-지배 괴리도는 거의 모든 ESG 성과 지표와 음(-)의 관계를 보임으로써, 소유구조 관점에서 ESG 성과 개선, 나아가 장기적 기업가치 제고에 잠재적인 장애요인으로 인식되고 있음

- 정책 관점에서 볼 때, 최근에 행해지고 있는 일련의 상법 개정은 지배주주-소액주주 간에 존재하는 이해관계 충돌을 줄이려는 노력의 일환임. 일부 제도가 장기적인 기업가치 제고보다 단기적인 이익을 노린 행동주의 펀드에 "악용"될 가능성에 대한 우려도 있는 것은 사실임. 또한 한꺼번에 많은 제도들이 도입됨에 따라, 기업이 개정된 상법의 취지에 맞게 실제 경영을 바꿔 나갈 준비가 부족한 측면도 있어 보임. 그러나 방향성 면에서 볼 때, 정부 정책은 대리인 행동을 줄이고 궁극적으로 기업가치 제고에 도움을 줄 것으로 예상됨

- 소액주주 입장에서 가장 현실적인 관심사는 주주환원 확대인데, 밸류업 프로그램, 배당 관련 세제 개편 등을 시행하고 이것이 자본시장에서 실제로 효과를 보기 위해서는, 자본시장 관계 당국(한국 거래소), 기관투자자 및 기업들의 보다 적극적인 관심과 협조가 필요함

(2) CEO의 보상체계 개선

- CEO가 여러 지표에서 ESG 성과와 음(-)의 관계를 보이는 이유 중의 하나는, 대부분의 전문경영인이 주식을 전혀 보유하지 않은 상황에서 소수의 최대주주-CEO가 ESG 성과와 (-) 관계를 가지고 있기 때문으로 판단됨

- 선진국에서 CEO에게 주식 보상 제도를 도입함으로써 대리인 행동을 줄이려고 노력하는 점을 감안하면, 기업가치 상승에 필요한 유인 체계를 도입하지 않은 결과가 ESG 경영을 가로막고 있는 것으로 해석됨. 따라서 CEO 대부분을 차지하는 전문경영인에게 과감한 주

식 보상 프로그램을 도입함으로써 CEO-주주 간의 이해관계를 일치시킬 필요가 있음

- 이를 위해 정부는 주식 보상 프로그램을 장려하는 세제 도입 등 다양한 유인책을 도입할 필요가 있고,

- 기관투자자를 중심으로 한 자본시장에서도 기업들이 CEO 보상 체계를 획기적으로 바꾸도록 유도해야 함

(3) 기관투자자의 스튜어드십 강화

- 거의 모든 ESG 지표에서 5% 이상 기관투자자들은 긍정적인 영향을 미치고 있으며, 이는 기관투자자가 이미 다양한 방법의 주주 관여를 통해 기업에 영향력을 행사하고 있음을 뜻함

- 그러나 주요 선진국에 비해 한국의 연기금, 자산운용사들의 스튜어드십은 아직 약한 편으로 평가됨. 국민연금을 중심으로 한 연기금이 앞장서서 스튜어드십을 강화할 때 CEO나 지배주주의 대리인 행동이 적절하게 통제될 수 있을 것임. 다만 국민연금의 투자결정이나 주주권 행사가 정부로부터 독립되어서, 스튜어드십 강화가 불필요한 정치적 논란을 불러일으킬 가능성을 차단하는 것은 반드시 필요함

(4) 대기업 소유구조와 ESG 성과 기여

- 대기업은 중소 · 중견 기업에 비해 모든 영역에서 ESG 평가 점수가 높게 나타나고 있으나, 최대주주는 전체 기업 표본에 비해 ESG 지표와 더 강력한 (-) 관계를 보임. 이는 대기업이 풍부한 자원을 투입해서 ESG 점수를 잘 받고는 있으나, 지배구조가 여기에 기여하지는 못한다는 의미임

- 한편 현재의 평가 지표가 "돈 많이 벌고 규모가 큰 기업"들에게 유리하게 되어있고, 실제로 ESG 성과가 잘 나고 있는지를 평가하는 데는 한계가 있다는 의미도 있음

- 따라서 투자자는 기업들의 ESG 성과에 관심을 갖되, 정량적인 지표만이 아니라 실제로 기업들이 무엇을 어떻게 하고 있으며, 어떤 성과를 내고 있는지 파악하기 위해 노력을 기울어야 함

- 또한 ESG 평가 기관도 지배구조 개선을 통한 경영진의 실질적인 노력과 성과를 측정할 수 있는 ESG 지표 개발에 힘쓸 필요가 있음

(5) 금융업 CEO 및 최대주주의 ESG Literacy 향상

- 대기업의 경우와 유사하게, 금융업도 제조업, 서비스업에 비해 ESG 지표 점수가 높게 나타나고 있으나, 금융업 소유구조는 대부분 ESG 성과 지표와 무관한 상황임

- 높은 점수는 금융 기업이 규모가 크고 자원이 풍부하기 때문이기도 하지만, 금융 당국의 강력한 규제는 소유구조의 변화가 ESG 활동에 영향을 줄 여지가 없을 정도로 제약 요인(binding constraints)으로 작용하고 있을 가능성이 큼

- 그러나 금융 기업은 ESG 경영 및 투자에서 중요한 중개자 역할을 함. 즉, 투자자(자금 공급자)와 기업(자금 수요자)를 연결하는 과정에서 ESG 펀드, ESG 채권 등 다양한 금융 상품을 중개함으로써 ESG 생태계에서 큰 비중을 차지하고 있음

- 따라서 금융 기업의 경영진(CEO, 지배주주)은 ESG 투자 및 경영에 대한 이해가 풍부해야 할 뿐 아니라, 금융 기업 자체가 중개자로서 ESG 경영을 적극 시행해야 함

(6) ESG 성과: ESG-washing vs. 기업가치 제고

- 투자자, 기업, 정부에서 ESG를 바라보는 시각이 지난 몇 년 간 많이 바뀌긴 했지만, 아직도 높은 ESG 성과는 기업가치를 희생하고 얻은 결과라거나, 더 나아가 경영진의 ESG 성과 추구 자체를 대리인 행동으로 보는 시각이 있음

- 그러나 이 연구에서는 다양한 각도의 소유구조 분석을 통해, ESG 성과는 기업가치를 제고하는 길이며, ESG 경영을 소홀히 하는 것이 도리어 대리인 행동이라는 결론을 도출할 수 있었음

- 따라서 투자자와 경영자는 이러한 인식을 바탕으로, 단기적인 비용 증가를 초래하더라도 올바른 ESG 경영은 기업가치를 제고하는 확실한 방법이라는 인식을 공유하고, 이를 지지하는 방향으로 ESG 투자와 경영이 이루어지도록 노력해야 함

2.2 본 연구의 기여점

- 기존 연구의 한계

  - 여러 소유구조 형태에 따라 지속가능 경영 성과가 어떻게 달라지는지 많은 실증 연구가 이루어졌으나, 이들은 상충되는 결과를 내놓고 있어서 어느 한 방향으로 결론짓기 어려운 상황임. 이 같은 결과는 소유구조와 ESG 활동 간에 연관성이 없어서라기 보다 두 변수 간의 관계를 정확하게 짚어내지 못했기 때문임

  - 또한 소유구조-ESG 성과 관계를 설명하는 많은 이론이 있는데도 불구하고, 대부분의 논문이 이해관계자 이론 또는 대리인 이론 등 한 가지 이론에 근거해서 가설을 설정함으로써, 실증 분석 결과를 해석함에 있어서 무리하거나 왜곡된 결론을 내리는 경향도 발견됨

- 본 연구는 다음과 같은 면에서 관련 연구에 기여하였음

  - 2017년부터 2024년까지의 유가증권시장 상장기업 패널 데이터를 활용하여 최근의 경영 환경 변화가 반영된 소유구조-ESG 성과 간의 관계를 분석하였음

  - 기존 연구는 종속 변수로 사용하는 ESG 성과 지표가 ESG 전체 점수인 연구가 가장 많고, 일부 E/S/G 영역별 점수를 사용하는 정도였음. 그리고 E/S/G 영역의 하위 세부 지표를 사용한 연구는 Villalonga et al.(2025) 하나뿐임. 본 연구는 서스틴베스트의 포괄적인 자료를 활용하여 가장 하위 단계 지표까지도 종속 변수로 활용하였음

  - 소유구조 변수 또한 대표이사, 최대주주, 최대주주 및 특수관계인, 기관투자자, 외국인을 종합적으로 고려하였음

  - 독립변수의 과거 값(t-1기)으로 설정하여, 소유구조가 ESG 성과에 미치는 영향의 지연 효과를 포착하고 내생성 문제를 완화하였음

  - 전체 표본을 산업 집단(제조업, 서비스업, 금융업)과 기업 규모(대기업, 중견기업, 중소기업)별로 세분화하여 분석함으로써, 각 집단별 특성이 소유구조-ESG 성과 간의 관계에 미치는 영향을 규명하고 차별화된 시사점을 제시하였음

  - 소유구조 변수를 4분위 더미 변수로 전환하여 사용함으로써, 분위별 수준 차이가 ESG 성과에 미치는 영향을 비교하여 비선형적 관계의 가능성까지 탐색하였음

기업의 ESG 성과와 지속 가능성

안전한 일터, 지속가능한 성장의 조건인가?

제 2 부

—

근로자 안전 및 보건 수준이

기업 재무성과에 미치는 영향을 중심으로

1. 연구 추진 배경

- 최근 기업 경영의 지속가능성과 이해관계자 신뢰 확보를 위한 ESG 경영이 필수 과제로 대두되고 있으며, 특히 사회(S) 분야의 실질적 이행 여부가 기업 평가 및 투자 결정에 중요한 요소로 작용하고 있음

- 사업장에서 근로자의 안전과 건강을 보장하는 것은 ESG의 사회적 가치 창출의 핵심 중 하나이며, 이는 노동 생산성 향상과 기업 지속성장과 직결됨. 특히 이러한 성과는 기업의 재무성과로도 직·간접적으로 반영될 것으로 예상되므로, 보건안전 수준과 재무성과 간의 관계를 실증적으로 분석할 필요가 있음

- 본 연구는 보건안전 관리 수준과 기업 재무성과 간의 관계를 정량적으로 규명함으로써, 보건안전 투자의 재무적 유효성을 입증하고, 기업 및 정책 차원에서 보건안전에 대한 투자 유인을 강화하는 근거 자료를 제공하고자 함

2. 연구 대상

- 연구 대상 기업

  ▶ 본 연구는 2014년 이후 유가증권시장(코스피)에 상장된 기업 전체를 대상으로 하되, 규모 및 산업별로 세분화하여 분석을 수행함. 코스피 상장 기업은 대체로 ESG 정보 공시체계를 갖추고 있어 자료의 일관성, 신뢰성이 확보되었다고 판단함

  ▶ 다만 지주회사는 자체적인 사업활동보다는 자회사 지분 보유를 통한 간접적 경영에 초점이 맞춰져 있어, 근로자 안전보건 관리와 재무성과 간의 직접적인 인과관계를 분석하기에 적합하지 않아 대상기업에서 제외하였음

- 연구 방법

  ▶ 본 연구는 산업안전 관리 수준과 기업의 재무성과 간의 관계, 특히 근로자 보건안전 지표와 자기자본 이익률 간의 상관관계를 실증적으로 분석하고자 함

  ▶ 분석 시 기업 규모, 산업군 및 근로자 보건안전 수준에 따라 세분화하여 분석

- 연구모형

  ▶ 다양한 통제변수(기업규모, 연구개발비 비율, 광고비, 부채비율 등)를 포함한 패널 고정효과 회귀분석을 사용함

$$ROE_{it} = \beta_0 + \beta_1 OHS_{i(t-1)} + \beta_2 OHS_{i(t-1)}^2 + X'_{it}\gamma + \mu_i + \lambda_t + \varepsilon_{it}$$

  독립변수: 근로자 보건안전 지표

  (서스틴베스트의 Occupational Health & Safety(OHS) 지표)

  종속변수: 자기자본 이익률(ROE)

  ▶ 1기 시차(lag)를 반영하여 OHS 지표 변화가 ROE에 미치는 지연 효과를 고려함

  ▶ 비선형 관계(U자형) 가능성을 검증하기 위해 OHS 지표의 제곱항을 포함한 모형도 분석함

3. 연구 결과

- 기업 규모별 분석

  ▶ 중소 · 중견기업

  - 보건안전 지표와 ROE 간 관계는 〈그림 1〉과 같이 U자형 곡선을 따르며, 이는 보건안전 관리 수준이 변화함에 따라 ROE가 단순히 선형적으로 반응하지 않음을 의미함. 즉, OHS 수준이 낮거나 높을 때는 ROE가 상대적으로 높고, 중간 수준에서는 오히려 낮아지는 경향이 있음

  - 이는 보건안전 관리 수준이 낮은 기업은 초기 투자나 제도 도입 과정에서 비용 증가, 업무 비효율, 생산 차질 등의 문제로 인해 단기적으로 ROE에 부정적인 영향을 받을 수 있음을 시사함

  - 그러나 0과 1사이 값을 갖는 OHS 지표가 약 0.56 이상, 즉 보건안전 관리가 일정 수준 확보된 경우, 생산성 향상과 이직률 감소(Estudillo et al., 2024) 및 조직 신뢰도 제고(Fernández-Muñiz et al., 2009) 등의 효과가 축적되어 ROE에 긍정적인 영향을 주는 구조로 전환되는 것으로 해석할 수 있음

〈그림 1〉 근로자 보건안전 지표(OHS)와 ROE 간의 관계 (중소 · 중견기업)

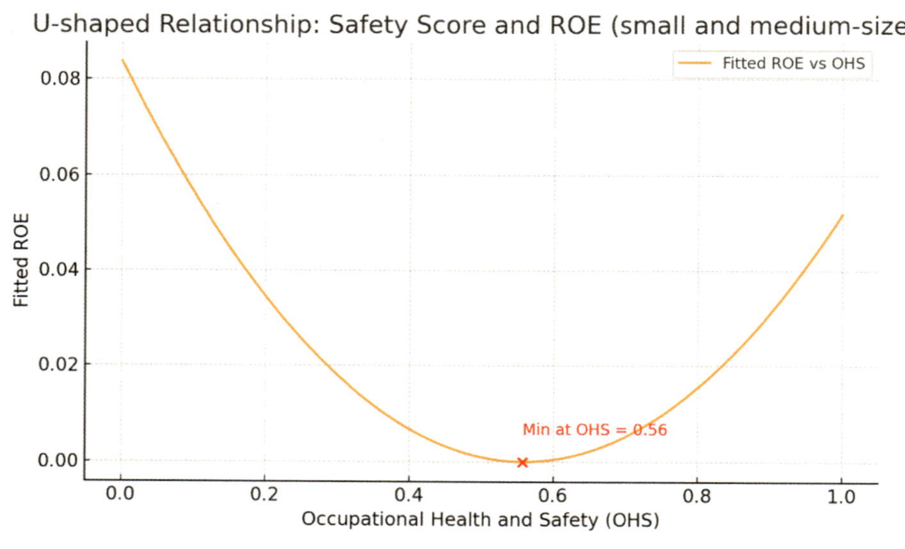

- 대기업

  - ▶ 대기업 전체 표본을 대상으로 한 분석에서는 근로자 보건안전 지표와 ROE 간에 통계적으로 유의한 선형 혹은 비선형 관계가 나타나지 않음

  - ▶ 그런데 근로자 보건안전 지표 수준이 하위 삼분위(0%~33%)인 대기업만을 대상으로 분석한 경우에서 해당 지표와 ROE 간 U자형 관계가 나타남. 보건안전 투자가 상대적으로 관리가 미흡한 기업의 경우 보건안전 관리 수준을 개선함에 따라 재무성과 향상의 여지가 더 크다는 해석이 가능함

  - ▶ 반면, 중위 삼분위(33%~66%) 기업에서는 근로자 보건안전 지표와 ROE 간에 통계적으로 유의한 선형 또는 비선형 관계가 나타나지 않으며,

  - ▶ 상위 삼분위(상위 66% 이상)에서는 오히려 유의한 음(-)의 선형관계가 나타남. 이 같은 결과는 이미 법적·사회적 기준 이상으로 체계화된 안전 시스템을 갖춘 상위 기업들의 경우, 추가적인 금전적 투자와 병행하여 이를 뒷받침할 조직 및 제도 정비를 못했거나, 재무적 효율성을 고려하지 못한 "과잉" 투자를 함으로써, ROE에 부정적인 영향을 미쳤을 가능성을 시사함

- 시차 효과

  - ▶ 근로자 보건안전 지표는 1년의 시차를 두고 ROE에 유의한 효과를 미치는 것으로 확인되며, 이는 보건안전 관리 수준의 향상이 일정 기간을 경과한 후에 반영됨을 시사함

4. 결론

- 결과의 요약

  - ▶ 본 연구는 기업의 근로자 보건안전 관리 수준과 재무성과(ROE) 간에 대체로 비선형적(U자형) 관계가 존재함을 실증적으로 확인함

  - ▶ 즉, 안전보건 관리가 미흡한 초기 수준에서는 점수를 높이는 것이 오히려 재무성과를 저해할 수 있으며, 일정 수준 이상의 추가적인 투자와 체계적인 관리가 이루어진 이후에는 ROE가 반등하여 상승하는 전환점(turning point)이 존재함

  - ▶ 특히, 보건안전 지표 하위 33% 구간에서 U자형 구조가 뚜렷하게 나타났으며, 이는 관

리 수준이 낮은 기업일수록 보건안전 투자를 늘렸을 때 재무적 효과가 두드러짐을 의미함

- 시사점: 비선형적 관계는 왜 나타나는가?

  ▸ 초기 OHS 투자가 ROE에 부정적 영향을 줄 수 있음

    - 안전보건 투자가 초기 비용(보호장비 지급, 매뉴얼 정비, 초급 교육 등)으로만 인식되어, 단기적으로는 재무성과에 부정적 영향을 미칠 수 있음. 이는 Estudillo et al.(2024)의 연구에서 OHS 초기 투자가 수익성 개선과 직결되지 않음을 지적한 것과도 연결됨

    - 조직 저항 및 변화 관리 비용 → ESG 도입 시 문화적, 운영적 저항이 나타나고, 효율 저하 발생 → 변화관리 이론에 따르면, 조직 적응 전까지 생산성 하락 가능 (Sancak, 2023)

  ▸ 시간 지연 효과(Lagged Effect)와 조직 학습효과

    - Bautista-Bernal et al.(2024)이 안전 문화가 조직성과에 미치는 영향을 분석하면서, '안전 성과'가 안전 투자와 재무성과를 매개(mediate)한다고 실증한 것에 비춰볼 때, 안전 투자의 효과는 즉각적이지 않으며, 시간이 경과하면서 조직의 규범·문화로 자리 잡을 때 비로소 성과로 전환될 수 있음

  ▸ 규모의 경제 효과: 근로자 보건안전 관리에 대한 투자는 일정 수준 이상의 투자와 시스템이 갖춰져야 수익성으로 연결되는 구조임을 시사

  ▸ 다만, 대기업에서는 보건안전 지표 수준이 올라갈수록 투자 대비 성과가 둔화되거나 음(-)의 관계로 전환됨

    - 대기업은 이미 고도화된 안전 시스템과 규제를 보유하고 있어 추가적 안전투자가 수익성과 무관하거나 역효과를 줄 가능성 존재하며, Chairani and Siregar(2021)에 따르면, 통합적 리스크 관리(ERM) 체계에서 ESG 항목이 과잉 통제되면 비효율과 비용만 유발할 수 있음

    - 이러한 결과는 이미 법적·사회적 기준을 초과하여 체계적인 안전보건 시스템을 갖춘 상위 기업의 경우, 추가적인 금전적 투자에 비해 조직 운영 및 제도 정비가 미흡했거나, 재무적 효율성을 고려하지 않은 과잉 투자가 이루어졌을 가능성을 시사

하며, 이로 인해 오히려 ROE에 부정적인 영향이 나타났을 수 있음

- 그러나 물론 대기업 중에서도 보건안전 관리 수준이 낮은 경우, 산업 안전 고도화는 재무성과에 긍정적 효과 촉진 가능성이 있음

- 정책적 함의

  ▶ 보건안전 관리 수준이 낮은 기업을 조기에 식별하고, 위험 산업군에 대한 표적 지원 정책을 추진할 경우, 사회적 가치 창출과 더불어 산업 전반의 생산성 제고 및 기업 지속가능성 향상에 기여할 수 있음

  ▶ 한편, 초기 보건안전 투자가 오히려 단기 수익성 악화로 이어져, 많은 기업들이 성과가 나타나기 전 단계에서 투자를 중단하는 경향이 있음

  ▶ 이러한 캐즘(chasm)에 빠진 기업들로 하여금 지속적으로 투자할 수 있도록 정책적 유인과 제도적 지원이 필요

  ▶ 안전보건 투자의 효과가 1기가량 지연되어 나타나기 때문에, 성과 측정 기준 및 회계·세제 인센티브 설계 시 시차 효과를 반영한 접근이 필요

  ▶ 특히, 제조업·건설업·운수창고업 등 업무상 사고로 인한 재해발생이 잦은 산업 및 중소·중견기업에 대한 지원이 요구됨

- 투자자 관점에서의 함의

  ▶ ESG 투자의 관점에서, 근로자 안전보건은 S(Social)의 핵심 항목이며, 단순한 비용이 아닌 재무성과에 기여하는 전략적 투자 대상임이 실증적으로 확인됨

  ▶ 특히 안전보건 수준이 낮은 기업군이나 재해율이 높은 산업 내 기업의 경우, 보건안전 관리 역량 강화에 따라 성과 개선의 여지가 비교적 클 수 있어, 장기적으로 투자 수익률 제고 가능성이 존재하는 저평가(undervalued) ESG 종목으로 고려될 수 있음

  ▶ 단, 대기업 전체나 일부 산업군에서는 일관된 효과가 확인되지 않았기 때문에, OHS 효과를 반영한 투자 전략은 산업·기업 특성에 따라 선별적으로 적용할 필요가 있음

국내 ESG 현황

1. ESG와 사회 요소(S)의 중요성

- ESG(Environmental, Social, Governance) 경영에서 사회(S) 요소는 단순한 윤리적 책무를 넘어, 기업의 지속가능성과 직결되는 핵심 영역으로 인식됨

- 특히, 근로자의 안전 및 보건을 포함한 사회적 책임은 기업의 장기적 성과와 생존에 중대한 영향을 미치는 요인으로 작용함

- 〈그림 2〉에서 보듯이, 한국은 산업재해로 인한 근로자 사망률이 OECD 국가 중 가장 높은 편에 속하며, 2020년 기준 업무상 사고 사망만인율[*]은 4.65명으로 보고됨

- 이는 개인의 문제를 넘어, 국가경제와 기업 경쟁력에도 부정적인 영향을 미치는 구조적 문제로 지적됨

〈그림 2〉 OECD 업무상 사고 사망만인율 (2020년 기준)

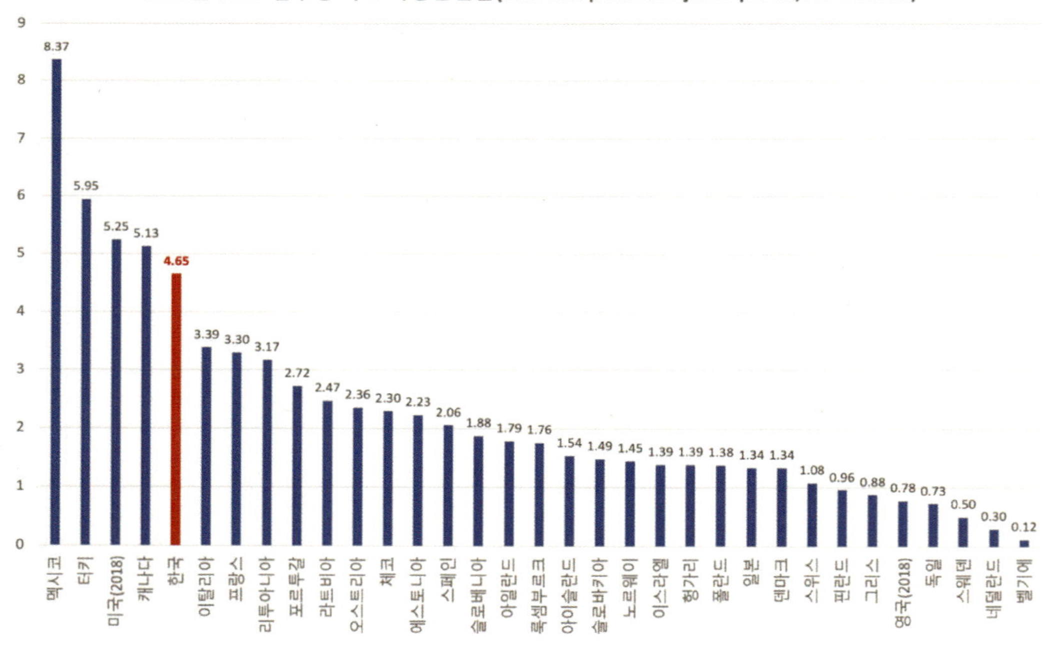

---

* 근로자 10,000명당 산업재해로 인한 사망자 수를 나타내는 지표로, 산업 안전보건 수준을 가늠하는 대표적 통계 수치로서, 해당 값이 낮을수록 안전보건 관리가 양호하다는 것을 의미함

- 기업이 근로자 보건안전 관련 사회적 책임을 성실히 이행할 경우, 다음의 효과를 기대할 수 있음

  ▶ 재무적 관점

    - ESG 평가 등급 상승 및 투자 유치 가능성을 제고하여 차입 시 이자 비용 하락 및 증자가 용이해짐
    - 중대재해 등 사고로 인한 법적·재무적 리스크 감소는 기업의 수익률과 주가 등 재무 지표에 긍정적인 영향을 미칠 수 있음

  ▶ 조직 내부 관점

    - 만족도 및 조직 몰입도 향상을 통한 노동생산성 증가 (Chung et al., 2002)
    - 보건안전 투자는 내부 역량 강화 및 혁신 기반 확보로 이어짐
    - 노동자 친화적인 환경으로 인한 이직률 감소 (Amponsah-Tawiah, 2016)

  ▶ 시장 및 고객 관점

    - 안전보건 관리를 적극적으로 수행하는 기업에 대해 투자자와 소비자가 긍정적으로 평가하는 경향이 강화됨(Müller et al., 2021; Zhang et al., 2023)
    - 지속가능성 및 책임경영을 통한 대외 신뢰도 향상

2. 사회적 책임과 근로자 보건안전 개요

- 사회적 책임(social responsibility)은 기업이 이해관계자와의 상생을 추구하고, 사회에 긍정적 영향을 미치는 역할을 수행하는 것을 의미함

- 이 중 근로자 보건 및 안전은 사회적 책임 실천의 핵심 영역이자, ESG의 사회(S) 부문에서 가장 구체적이고 시급한 이슈로서 부각되고 있음

- 국내 제조업 및 건설업 등 주요 산업군에서는 여전히 사망 사고가 빈번하게 발생하고 있음 (〈그림 3〉 참조)

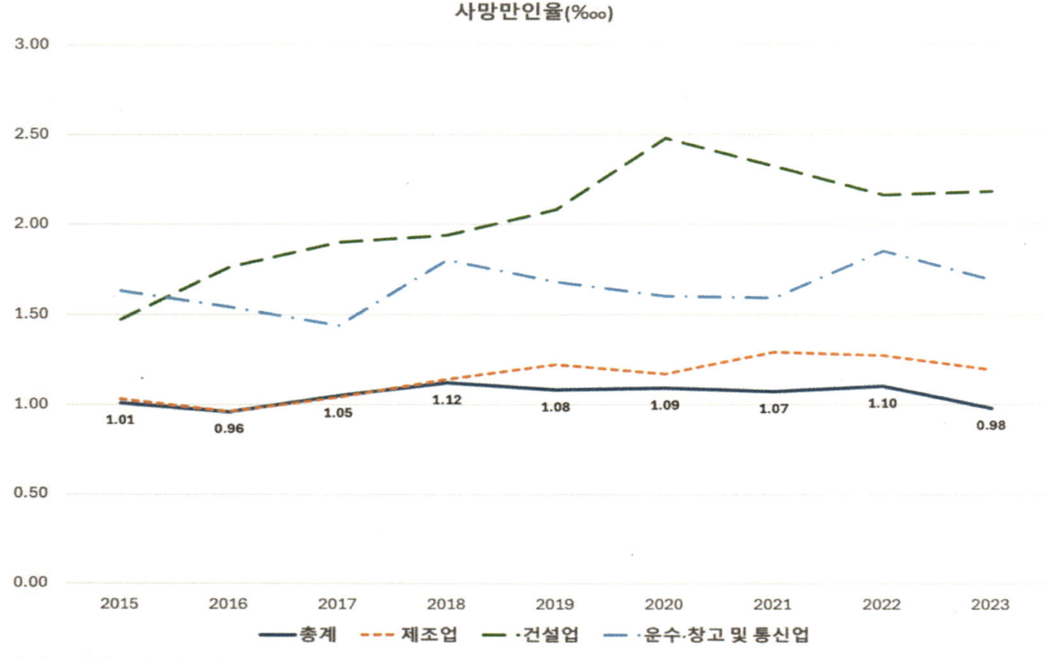

출처: 통계청 국가통계포털(KOSIS)

- 앞서 살펴본 바와 같이, 보건안전 관리는 더 이상 소극적 법규 준수 차원을 넘어, 전략적 가치 창출 수단으로 자리 잡고 있음

- 하지만 여전히 많은 기업에서는 보건안전 투자가 비용 요인으로만 인식되며 실행력이 부족한 것이 현실임

- 이에 따라 본 보고서는, 기업의 보건안전 정책 시행이 재무성과에 미치는 영향을 실증적으로 규명함으로써 보건안전 투자의 전략적 가치를 제시하고자 함

3. Social 평가 점수 추이

- 근로자 보건안전 문제가 기업의 지속가능성과 경쟁력에 직·간접적인 영향을 미치는 핵심 요소라는 맥락에서, (주)서스틴베스트가 평가한 코스피 상장기업의 Social 점수 및 주요 구성 요소들의 변화 추이를 분석할 필요가 있음

- 서스틴베스트의 Social 평가는 크게 다음과 같은 기준에 따라 이루어짐

  ▶ 4대 카테고리: △근로자 △협력업체 △소비자 △지역사회

  ▶ 주요 세부 지표(공시자료, 언론, 공공데이터, 지속가능보고서 등에 기반함)

    • 근로조건, 안전보건

    • 공정거래, 상생협력

    • 소비자 보호, 정보보안

    • 지역사회 공헌, 지역사회 관계 형성 등

<그림 4> Social 점수 및 대표 구성요소 추이

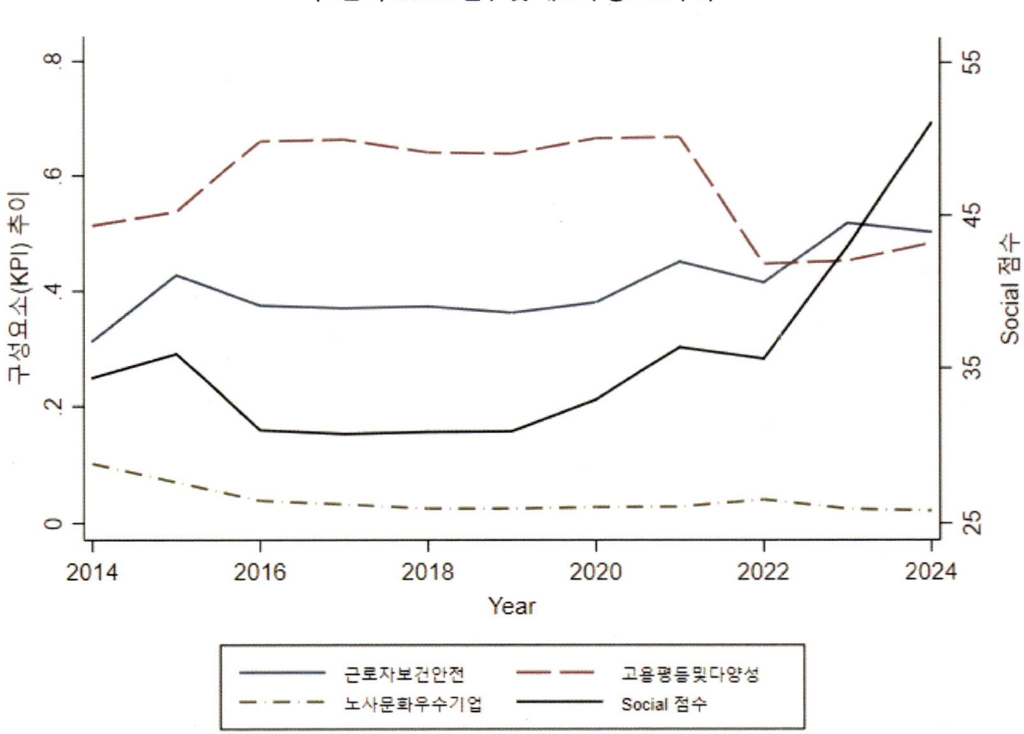

- <그림 4>는 2014년~2024년 기간 동안, 코스피 상장기업의 Social 점수 및 주요 구성지표
  (근로자 보건안전, 고용평등 및 다양성, 노사문화 우수기업)의 추이를 보임

  ▶ 전체 Social 점수는 2020년 이후 빠른 상승세를 보임. 이는 ESG 경영 강화 및 사회적
    책임 이행에 대한 국내 기업들의 대응 강화 흐름과 관련이 있음

▶ 근로자 보건안전 지표도 꾸준히 상승하는 추세를 보이는데, 이는 기업의 보건안전 체계에 대한 관리 및 투자 수준이 지속적으로 향상되는 것을 시사함

▶ 고용평등, 다양성, 노사문화 등의 기타 영역의 개선 속도는 더딘 상황으로, 기업들이 사회적 책임 이행에 있어 근로자 보건안전에 상대적으로 집중하는 것으로 이해할 수 있음

II 문제 제기 및 연구 배경

1. 선행연구 소개

- 기존 연구는 산업재해 및 보건 안전 수준이 기업 성과에 미치는 영향을 실증 분석해 왔음. 이를 방법론과 주요 결과에 따라 종합하면 다음과 같음(〈표 1〉 참조)

  - 산업재해율을 독립변수로 활용한 연구

    - 산업재해율을 보건안전 수준의 대표 지표로 간주하여, ROA, ROE, 영업이익률 등 재무성과에 미치는 영향을 분석함

    - 대부분 산업재해율 증가가 부정적 재무성과와 연결된다는 결과를 도출함 (Kabir et al., 2018; Kim et al., 2021; 박선영, 2022)

    - 일부 연구에서는 산업재해율과 수익성 간 비선형 관계(U자형 등)도 발견함 (Estudillo et al., 2024)

  - OHSMS[*] 인증, 안전문화 등 질적 요소를 독립변수로 활용한 연구

    - 안전경영 시스템의 도입 및 내재화 수준이 높을수록 재무성과에 긍정적 영향이 나타남(Yang and Maresova, 2020; 김상식·공하성, 2020; Bautista-Bernal et al., 2024)

  - 근로자 인식 또는 담당자 유무 등 기타 요인을 중심으로 한 연구

    - 담당자 배치 여부나 안전에 대한 인식 수준이 재해율 및 재무성과에 유의미한 영향을 미친 것을 보임(Kundu et al., 2016)

    - 주관적 인식을 기반으로 한 결과로서 변수의 신뢰성과 일반화 가능성에는 한계가 존재함

---

[*] OHSMS(Occupational Health and Safety Management System)는 산업재해 예방과 근로자의 안전·건강 보호를 위해 기업이 수립·운영하는 체계적인 보건안전 관리 시스템을 의미함. 일반적으로 ISO 45001과 같은 국제표준에 기반하여, 위험요인 식별, 개선 조치, 교육·훈련, 성과 평가 등의 절차를 포함함.

〈표 1〉 보건안전 관리와 재무성과를 다룬 선행연구

저자(연도)	데이터	방법론	주요 결과
권희봉 외 (2002)	국내 상장 기업 산업재해 및 재무 자료	횡단면 회귀 분석	근로손실일수는 안전성과 지표로서, 1인당 매출에 부정적 영향을 미침
이백현 · 정수일 (2008)	전국 390개 사업장 대상으로 설문조사 실시	교차분석 및 상관분석	안전보건 투자 여부, 담당자 유무에 따라 재해율 및 이익에 차이
Fernández–Muñiz et al. (2009)	스페인 기업 455개 대상 자료	설문조사 기반의 횡단면 분석	안전문화, 시스템 등이 기업의 재무성과에 긍정적 영향을 줌
Kundu et al. (2016)	인도 자동차 제조기업 근로자 102명 설문	회귀분석	기업의 안전에 대한 관심도는 기업성과에 긍정적 영향
Forteza et al. (2017)	스페인 건설기업 272개 (2015–2020)	패널 데이터 분석 (고정효과 모형)	산업재해율이 ROA에 부정적 영향
Kabir et al. (2018)	미국 기업의 부정적 산업재해 발표 사례 227건	사건연구(Event Study)	산업재해는 주가에 부정적인 영향을 미침
Yang & Maresova (2020)	중국 제약기업 125개 자료 (2013–2017)	패널 데이터 분석 (고정효과 모형)	OHSMS 인증 여부가 단기적으로 ROA, ROE 등에 긍정적인 영향을 미침
김상식, 공하성 (2020)	전기공사업체 대상 설문, 120명	회귀분석	안전보건경영시스템의 운영방침이 잘 구축되어 있을수록 기업성과에 긍정적 영향
Kim et al. (2021)	코스피 상장사 산업재해 및 재무자료 (2013–2019)	패널 데이터 분석 (고정효과 모형, lag 사용하지 않음)	산업재해율 증가 시 ROA, ROE 감소
박선영 (2022)	국내 에너지 기업 157개 (2015–2021)	패널 GLS 모형 (lag 사용하지 않음)	산업재해율 1%p 증가 시 영업이익률 하락
Estudillo et al. (2024)	스페인 건설기업 3,781개 (2007–2017년)	패널 데이터 분석 (GMM 포함)	산업재해율과 수익성 간 역 U 자형 관계 확인
Bautista–Bernal et al. (2024)	유럽 다국적 기업 1,287개 (2013–2024)	고정효과 모형	안전문화가 안전성과를 매개로 재무성과에 긍정적 영향

- 기존 연구의 한계 및 본 연구의 기여점

  ▶ 기존 연구는 산업 재해율을 독립변수로 활용하여 재무성과와의 관계를 분석하는 경향이 있으나, 보건안전 투자 자체의 체계성 · 시스템 구축 여부, OHSMS 인증 여부, 안전문화 수준 등 질적 변수에 대한 고려가 부족함

  ▶ 질적 변수를 수행한 연구도 설문 기반 회귀분석에 의존하고 있으며, 보건안전 시스템의 구축 수준이나 지속성 등 구조적 요인을 반영한 계량적 분석은 부족함

  ▶ 선행연구는 재해율의 재무성과에 대한 즉각적 영향만을 분석하거나, 관계의 선형성(linearity)을 암묵적으로 전제한 경우가 대부분으로, 보건안전 투자와 성과 간의 비선형적 구조나 시차(lag) 효과에 대한 분석은 드물게 수행됨

▶ 본 연구는 서스틴베스트 데이터를 활용하여, 보건안전 시스템 구축 및 안전경영 수준을 반영하는 '근로자 보건안전 지표'를 독립변수로 설정함. 또한 독립변수에 1년 시차를 둠으로써 내생성 문제를 완화하고, 비선형 구조에 대한 실증 분석도 수행함으로써 선행 연구와 차별성을 확보함

2. 근로자 보건안전 지표와 ROE

● 서스틴베스트는 사회(S) 평가 지표 중 '근로자' 영역의 핵심 지표로서 '근로자 보건 및 안전' 항목을 설정하고, 다음과 같은 기준들에 따라 0~1 사이의 점수를 부여함
  ▶ 산업재해 발생 여부 및 중대재해 이력
  ▶ ISO 45001, KOSHA-MS 등 안전보건경영체계 인증 보유 여부
  ▶ 안전보건 관련 정보의 공시 수준
  ▶ 예방 중심 프로그램 운영 여부 (예: 정기 교육, 위험성 평가 등)
● 지속가능경영보고서, 사업보고서 및 공공기관 통계뿐 아니라 언론 보도 등 다양한 공개 자료를 활용함으로써, 정량적 수치와 정성적 판단을 병행한 종합적 평가 수행

2.1 근로자 보건안전 지표

● 〈그림 5〉는 대기업과 중소·중견기업의 근로자 보건안전 지표 추이를 비교한 결과임
  ▶ 대기업
    • 전반적으로 높은 수준에서 꾸준한 개선 추세를 보이며, 특히 최근 몇 년간 가파른 상승세가 관찰됨
    • 이는 ESG 평가 및 사회적 책임에 대한 외부 압력과 투자자 요구에 적극 대응한 결과로 해석됨
  ▶ 중소·중견기업
    • 지표 개선 속도가 완만하고, 절대적인 수준 또한 대기업에 비해 낮음
    • 이는 ESG 및 사회적 책임에 대한 인식은 존재하지만, 재정적 여건 및 관리 역량 부족으로 인해 실질적 개선이 어려운 현실을 반영하는 것으로 보임

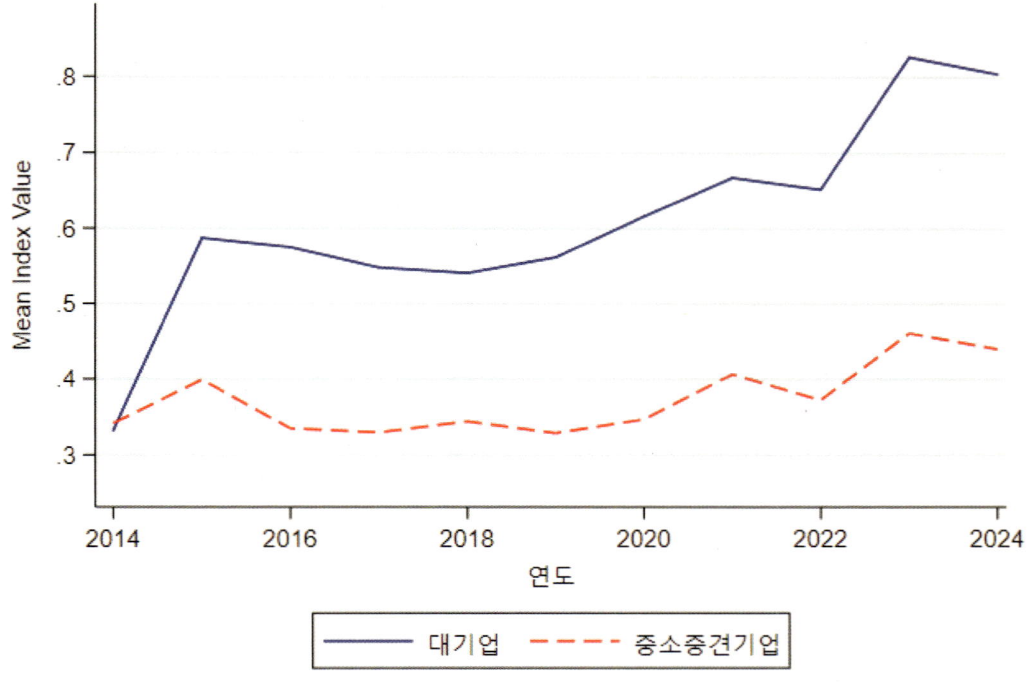

〈그림 5〉 근로자 보건안전 지표 추이 (2015년~2024년)

- 보다 구체적인 변화를 살펴보기 위해, 2015년과 2024년의 대기업 및 중소·중견기업 근로자 보건안전 점수의 분포를 Kernel Density Estimation[*]을 통해 분석한 결과를 〈그림 6〉과 〈그림 7〉에서 제시함

- 〈그림 6〉 분석 결과 – 대기업의 KDE 분포 변화:

  ▶ 2015년: 근로자 보건안전 지표가 0.4~0.6 구간에 집중 분포

  ▶ 2024년: 분포가 우측(0.8 이상)으로 급격히 이동, 대부분이 높은 수준에 집중

  ▶ 이는 지난 10년간 대기업들이 적극적으로 안전보건에 투자하고 제도를 개선해 온 결과로 해석 가능함

  ▶ 〈그림 5〉에서 관찰된 지표 상승 추세와도 일관된 결과를 보임

---

*   Kernel Density Estimation(KDE)은 확률 밀도 함수의 모양을 부드럽게 추정하는 비모수적 방법으로, 관측된 데이터를 기반으로 연속적인 분포 형태를 시각화할 수 있도록 해줌. 본 보고서에서는 특정 시점의 근로자 보건안전 점수 분포를 비교하기 위해 KDE를 활용하였음

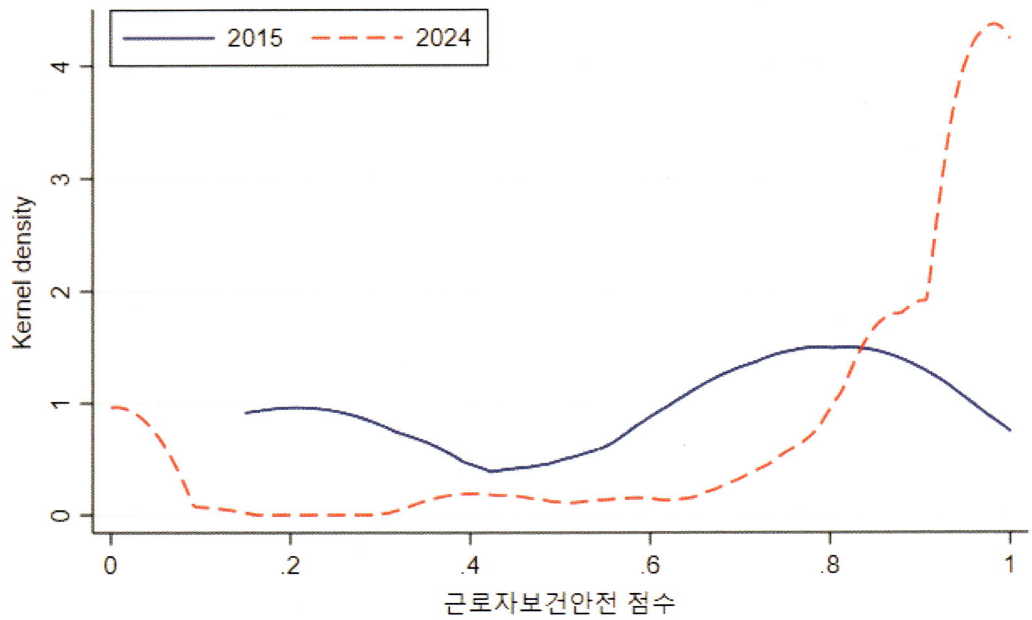

〈그림 6〉 대기업 근로자 보건안전 지표 분포 (2015 vs. 2024)

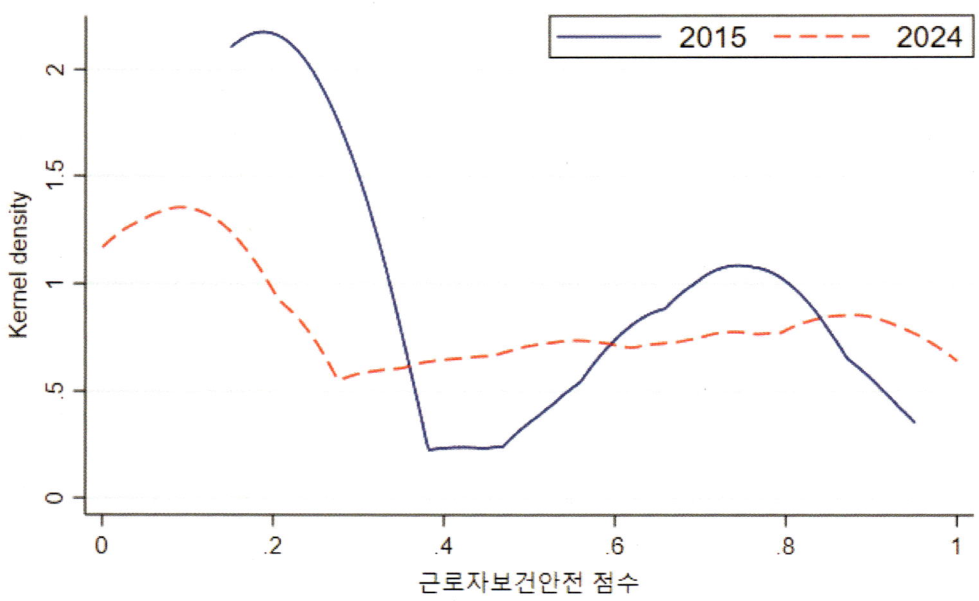

〈그림 7〉 중소 · 중견기업 근로자 보건안전 지표 분포 (2015 vs. 2024)

- 〈그림 7〉 분석 결과 – 중소 · 중견기업의 KDE 분포 변화:

  ▸ 2015년: 근로자 보건안전 지표가 낮은 수준(0.2~0.4)에 집중. 일부 기업만이 비교적 높은 점수를 유지하며 양극화된 분포 양상을 보임

  ▸ 2024년

    • 양극화는 다소 완화되었으나, 여전히 다수가 중간 수준(0.4~0.7)에 머무르며, 상위 구간(0.8 이상)의 기업 비율은 대기업에 비해 현저히 낮음

    • 이는 실질적인 향상 속도가 대기업에 비해 느리다는 것을 시사하지만, 동시에 초기 수준이 낮았던 만큼 개선 가능성의 폭은 더 큼

- 기업 규모 간 차이는 다음을 시사함

  ▸ 근로자 보건안전 관리 수준은 ESG 경영의 사회적 책임 요소 중 기업 규모 및 관리 역량과 밀접히 연관되어 있음

  ▸ 본 보고서는 이러한 관리 수준의 차이가 실제 기업의 재무성과(예: ROE)에 어떤 영향을 미치는지를 실증적으로 규명하고자 함

- 〈그림 8〉은 주요 산업군인 제조업, 건설업, 운수창고업, 금융보험업을 대상으로, 지난 10년간(2014년~2024년) 근로자 보건안전 지표의 변화를 제시함

  ▸ 전체적으로 모든 산업에서 점차 근로자 보건안전 지표가 상승하는 경향을 보임

  ▸ 건설업 및 운수창고업

    • 산업재해 위험이 높은 업종으로 분류됨

    • 2022년 이후 지표의 개선 폭이 두드러지며, 이는 강화된 산업안전 관련 법규(예: 중대재해처벌법) 및 사회적 요구에 적극 대응한 결과로 해석됨

  ▸ 제조업

    • 개선 추세가 완만하며, 상대적으로 낮은 수준에 머물러 있음

    • 향후 보다 적극적인 보건안전 관리 노력이 요구되는 산업군으로 판단됨

  ▸ 금융보험업

    • 본래 상대적으로 안전한 근무 환경을 보유하고 있으며, 최근 지표의 상승은 정신건강, 스트레스 관리 등 보건안전의 범위 확장에 기인한 것으로 보임

〈그림 8〉 산업부문별 근로자 보건안전 지표 추이 (2014년~2024년)

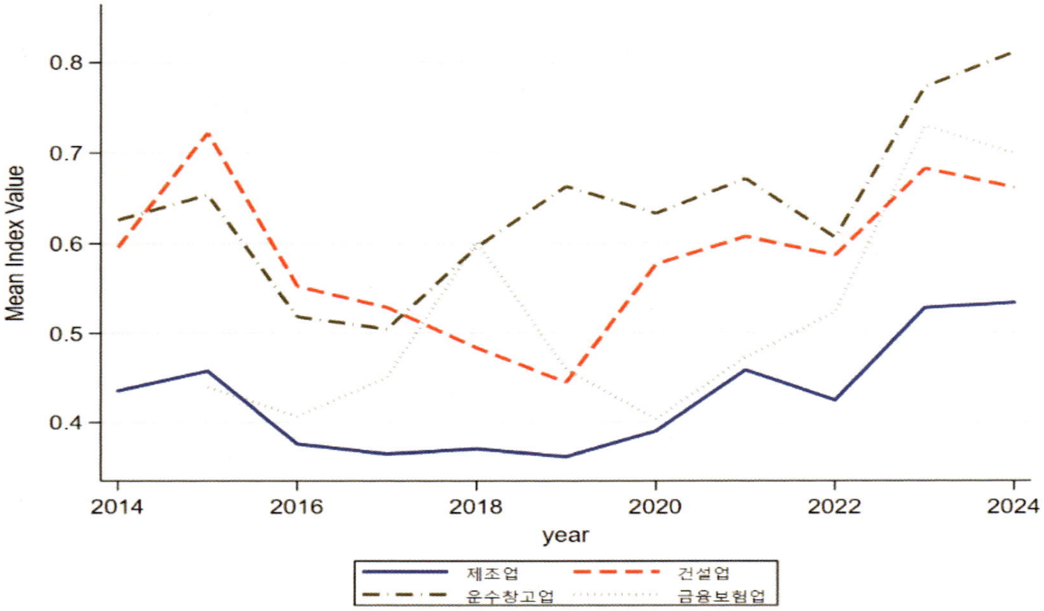

2.2 자기자본비율(ROE)

- 자기자본이익률(Return on Equity, ROE)

  ▶ ROE는 기업의 순이익을 자기자본으로 나눈 값으로, 기업이 자기자본을 얼마나 효율적으로 사용하여 순이익을 창출했는지를 나타내는 대표적인 재무성과 지표로서, 기업의 자본 효율성과 수익성, 나아가 주주 가치 창출 수준을 종합적으로 평가하는 데 사용됨

  ▶ 본 보고서는 근로자 보건안전 지표 개선이 재무성과에 미치는 영향을 측정하기 위해 ROE를 채택하며, 그 이유는 다음과 같음:

    • ROE는 주주가치 관점에서 수익성을 측정하는 지표로, 근로자 보건안전 관리와 같은 ESG 활동의 장기적이고 실질적 효과를 반영하는 데 적합함

    • ROE는 자본구조를 고려하는 지표로서, ESG 활동이 기업의 리스크 완화 및 자본 효율성 개선에 미치는 영향을 포착할 수 있음

    • 실무적으로 ROE는 투자의 의사결정에서 널리 활용되고 있으므로, ESG 경영의 재무적 유효성을 시장과 투자자 관점에서 설명하기에 효과적임

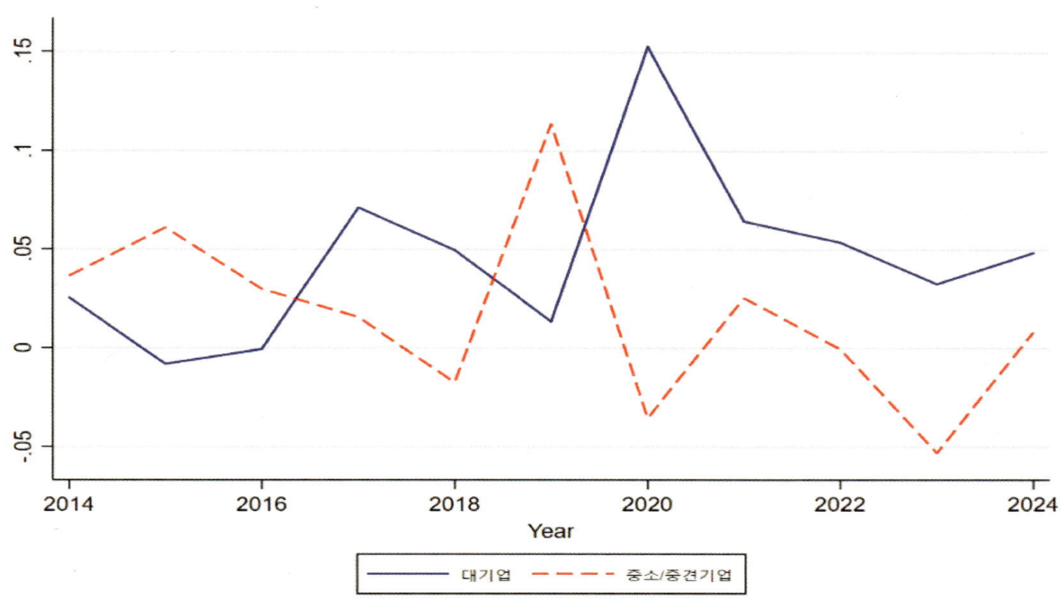

- 〈그림 9〉는 ROE 추이를 대기업과 중소 · 중견기업으로 나누어 제시함

  ▶ 대기업의 ROE가 중소 · 중견기업보다 높고 비교적 안정적인 추이를 유지함

  ▶ 중소 · 중견기업의 ROE는 변동성이 크고 낮은 수준에 머물고 있으며, 특히 2020년 이후 급격히 하락하는 등 재무적 안정성과 수익성이 취약함을 드러냄

  ▶ 이러한 재무성과의 차이는 보건안전 관리의 격차와 관련이 있을 수 있음

3. 연구 설계

3.1 연구 문제

> "근로자 보건안전 지표는 ROE에 1기의 시차를 두고 어떤 영향을 미치는가?"

- 분석 목적:

  ▶ 근로자 보건 및 안전 지표와 기업의 재무성과(ROE) 간의 관계를 실증적으로 검증하되

선형 관계, 비선형 관계의 가능성을 함께 검토함

▸ 근로자 보건안전 문제라는 사회적 책임과 기업의 재무성과 간의 상관 관계 존재 여부를 확인함으로써, 정책 설계자 및 투자자 의사결정에 기여하고자 함

▸ 기업의 보건안전 수준에 따른 재무성과 반응 구간을 식별함으로써, 차별화된 정책 및 투자 기준 설정을 위한 근거를 제공하고자 함

3.2 자료 구성 및 변수의 정의

● 데이터 구성 및 출처:

▸ 대상 기업: 코스피 상장 기업(지주회사 제외)

▸ 대상 기간: 2015년~2024년

▸ 패널 분석: 코스피 상장기업 표본 512(대기업: 139, 중소 · 중견기업: 373)개를 대상으로 불균형 패널을 구축하여 진행

▸ ESG 자료 출처: (주)서스틴베스트

▸ 재무자료 출처: Value Search

● 분석에 사용되는 변수와 정의

<표 2> 변수의 정의

구 분	변수 명칭	정 의
종속변수	ROE	(당기순이익/평균 자기자본)*100 (%)
독립변수	근로자 보건안전 지표	안전보건정책, 안전보건조직, 안전사고예방 프로그램, 안전보건경영시스템 인증, 협력사 대상 안전보건 프로그램, 산업재해 발생, 안전사고 예방목표 (7개 세부 지표 평균)
통제변수	자산 규모	자산 총액의 자연로그 값
	연구개발비 지출강도	(연구개발비 지출액/매출액)*100 (%)
	광고선전비	(광고선전비/매출액)*100 (%)
	자본적 지출	(CAPEX/매출액)*100 (%)
	베타	$\beta = Cov(R_i, R_m)/Var(R_m)$, R_i=기업 i 의 수익률, R_m= 시장 수익률
	부채비율	(총부채/총자산)*100 (%)
	설립연수	회계연도−설립연도

- 통제변수 설정 근거(조 신 외, 2018; 박기성, 2002)

  ▶ 자산 규모: ROE에 영향을 줄 수 있는 규모의 경제 효과를 통제하기 위함

  ▶ 연구개발비 지출강도: R&D 지출은 장기적 수익성에 기여하므로, 이로 인한 ROE 변동을 통제하기 위함

  ▶ 광고선전비: 브랜드 가치 제고 및 시장 점유율 확대 등을 통한 수익성 개선 가능성을 통제하기 위함

  ▶ 자본적 지출: 매출액 대비 Capex로서, 유형자산에 대한 투자는 장기적 생산성에 영향을 미치므로, 이로 인한 ROE 변화를 통제하기 위함

  ▶ 베타: 기업의 체계적 위험의 대리변수로서, 위험 수준이 ROE에 영향을 줄 수 있으므로 통제변수로 포함

  ▶ 설립 연수: 기업의 수명주기별로 수익성에 체계적 차이가 발생할 수 있으므로, 이로 인한 영향력을 통제하고자 함

  ▶ 부채비율: 과도한 부채는 수익성에 부정적 영향을 줄 수 있으므로, 이를 고려하여 ROE에 대한 효과를 파악하고자 함

3.3 연구 설계

- 회귀분석 모형:

$$ROE_{it} = \beta_0 + \beta_1 OHS_{i(t-1)} + \beta_2 OHS^2_{i(t-1)} + X'_{it}\gamma + \mu_i + \lambda_t + \varepsilon_{it}$$

  OHS : 보건안전 지표

  X_{it} : 통제변수

  μ_i : 기업별 고정효과

  λ_t : 연도별 고정효과

  ε_{it} : 오차항

  ▶ 패널 데이터 분석, 그 중에서 고정효과(fixed effect) 모형 채택 → 기업의 고유한 특성 통제 가능

  ▶ 1년의 시차를 둔 분석 → 보건안전 투자의 시차 효과 및 내생성 문제 대응

  ▶ 비선형적(U자형) 관계 존재 여부를 통계적으로 검증하는 경우 → 근로자 보건안전 지

표(OHS)의 제곱항 추가

- 세부 분석 단계

  ▶ 전체 표본 분석: 근로자 보건안전 지표의 변화가 1기의 시차를 두고 ROE에 미치는 전반적인 경향성을 파악

  ▶ 기업 규모별 분석: 규모에 따른 보건안전 지표의 재무성과 영향 차이 확인

    (1) 대기업: 자산총액 10조 원 이상(상호출자제한 기업집단) 또는 5조 원 이상(공시대상 기업집단)인 기업

    (2) 중견기업: 자산총액 5,000억 원 이상 10조 원 미만이거나, 최근 3년간 평균 매출액이 업종별 중소기업 기준을 초과하는 기업

    (3) 중소기업: 자산총액 5,000억 원 미만이면서 업종별 최근 3년간 평균 매출액이 중소기업 기준 이하인 기업

  ▶ 산업별 분석: 전체 표본을 산업별로 나누어 산업 특성 반영한 세부 분석 수행

  ▶ 삼분위(tertile) 분석: 근로자 보건안전 관리 수준에 따른 이질적 효과 확인

    - 보건안전 관리 수준에 따라 기업 간 특성과 성과가 상이할 수 있음을 고려하여, 근로자 보건안전 지표를 기준으로 표본을 상위, 중위, 하위 각각 세 개의 분위로 구분함

    - 각 분위별로 보건안전 지표와 재무성과(ROE) 간의 관계를 분석함으로써, 보건안전 관리 수준에 따른 재무성과의 이질적 효과(heterogeneous effects)를 확인하고자 함

    - 특히 하위 수준 기업에서도 일정 수준 이상으로 보건안전 투자가 이루어질 경우 재무성과 개선이 가능한지, 또는 상위 그룹에서 재무성과가 더욱 유의하게 나타나는지를 실증적으로 파악하기 위한 보조적 분석임

- 연구 기대 효과

  ▶ 보건안전 수준과 재무성과 간의 관계를 실증적으로 규명함으로써, 해당 분야에 대한 입체적이고 구조화된 이론적 이해를 확장함

  ▶ 기업의 규모 및 산업 특성에 적합한 사회적 책임 및 투자 전략 수립에 실질적 시사점 제공

실증분석 결과

1. 전체 표본

- 본 보고서가 기초로 하는 기초 통계량은 다음 〈표 3〉에서 확인할 수 있음

〈표 3〉 기초 통계량 (2015년~2024년)

변수 명칭	중소 · 중견기업		대기업	
	평균	표준편차	평균	표준편차
근로자 보건안전 지표	0.389	0.277	0.653	0.275
ROE(%)	3.739	136.212	4.653	32.974
로그(총자산)	26.759	1.162	28.824	1.599
연구개발비 지출강도(%)	3.096	8.920	3.424	14.570
광고선전비(%)	1.138	2.245	0.949	1.856
자본적 지출(%)	5.143	7.642	6.239	8.500
베타	0.837	0.510	0.926	0.393
부채비율(%)	100.086	185.962	111.717	236.047
설립연수(년)	41.239	19.061	36.529	21.063

- 근로자 보건안전 지표 기초 통계량은, 대기업이 중소 · 중견기업에 비해 전반적으로 더 높은 수준의 보건안전 관리체계를 보유하고 있음을 보이며, 이는 ESG 대응 역량의 격차를 시사

- 또한, ROE 기준으로 대기업이 평균적으로 더 높은 수익성을 확보하고 있으며, 이는 자본 규모, 시장 지위, 보건안전 수준 등과 복합적으로 연결되어 있다고 볼 수 있음

- 부채비율 측면에서 대기업의 평균 부채비율이 중소 · 중견기업보다 다소 높은 수준으로 나타났으며, 이는 외부 자본 조달에 대한 의존도와 함께 재무적 레버리지 전략 및 역량의 차이를 보여주는 지표로 해석 가능함

- 본 절에서는 먼저 기업의 규모와 관계없이, 전체 표본에 대하여 근로자 보건안전 지표와 ROE 간의 1기 시차를 둔 선형 및 비선형적 관계 여부를 검토함

  ▶ 통제변수 계수 추정치에 대한 보고는 이하 분석에서 생략

  ▶ 이하 분석은 모두 연도별, 기업별 고정효과 고려한 결과임

〈표 4〉 전체 표본 분석 결과

변수	제곱항 제외	제곱항 포함	금융 및 보험업	제조 · 건설 · 운수창고업
근로자 보건 · 안전	−2.853	−13.129	85.706	−10.613
	(2.862)	(12.038)	(150.422)	(14.812)
근로자 보건 · 안전^2	−	10.216	−50.494	6.437
	−	(10.338)	(92.917)	(12.348)
log(Asset)	11.019***	10.908***	−48.811	14.373***
	(4.069)	(4.100)	(44.634)	(4.437)
연구개발비율	−0.029	−0.028	11.829	−0.018
	(0.026)	(0.025)	(10.803)	(0.020)
광고선전비	0.195	0.192	4.622	−0.206
	(0.548)	(0.546)	(5.299)	(0.496)
자본적 지출	−0.071	−0.071	−0.083	−0.063
	(0.056)	(0.055)	(0.123)	(0.054)
베타	−1.476**	−1.452**	−4.987	−1.082**
	(0.611)	(0.601)	(8.848)	(0.542)
부채비율	−0.096***	−0.096***	0.123	−0.134***
	(0.033)	(0.033)	(0.384)	(0.011)
설립연수	−0.151**	−0.149**	2.857	−0.070
	(0.061)	(0.061)	(2.674)	(0.115)
상수항	−276.858**	−272.377**	1189.061	−363.169***
	(107.805)	(108.955)	(1160.501)	(118.774)
관측치 수	2,933	2,933	58	2,610
기업 수	512	512	22	430
R−squared	0.415	0.416	0.506	0.517

Robust standard errors in parentheses; *** p⟨0.01, ** p⟨0.05, * p⟨0.1

- 결과 해석

  ▶ 기업 규모(대기업 vs. 중소 · 중견기업)를 구분하지 않고 분석했을 때, 보건안전 지표와 ROE 간에 선형, 비선형 관계 어느 경우에도 유의미한 결과가 관측되지 않음

  ▶ 한편 전체 표본을 산업별로 나누어 분석하여 보았으나, 역시 선형적 또는 비선형적 관계가 도출되지 않음

  ▶ 이처럼 전체 표본에서는 근로자 보건안전 지표와 재무성과(ROE) 간에 유의한 상관관계를 발견하지 못했으나, 기업 규모(중소 · 중견 또는 대기업)에 따라 보건안전 지표 개선의 효과가 재무성과에 차별적으로 영향을 줄 수도 있으므로, 기업 규모별로 분석을 진행함

2. 중소 · 중견기업

2.1 중소 · 중견기업 전체

- 중소 · 중견기업 분석 결과는 〈표 5〉에 제시되어 있음

  ▶ 1기 시차를 두고, 근로자 보건안전 지표와 ROE 간에 유의미한 선형 관계는 관측되지 않음. 그에 비해 둘 사이에 5% 유의 수준에서 U자형의 비선형 관계가 나타남

  ▶ 이러한 결과는 근로자 보건안전 관리 수준 향상이 재무성과에 미치는 영향을 파악할 때에는, 기업의 규모를 고려해야 함을 시사

  ▶ 근로자 보건안전 지표 수준이 ROE에 양(+)의 효과를 미치기 시작하는 임계점은 약 0.56으로 나타남

〈표 5〉 중소 · 중견기업 분석결과

변수	중소 · 중견기업	
	(1) 제곱항 제외	(2) 제곱항 포함
근로자 보건 및 안전	−3.495	−30.187**
	(3.319)	(14.338)
근로자 보건 및 안전^2		26.889**
		(11.936)
관측치 수	2,189	2,189
기업 수	373	373
R−squared	0.151	0.157

Robust standard errors in parentheses; *** p〈0.01, ** p〈0.05, * p〈0.1 (통제변수 계수 추청치에 대한 보고 생략)

- 중소 · 중견기업 분석의 비선형적(U자형) 관계의 함의:

  ▶ 〈표 3〉에 따르면, 중소 · 중견기업의 보건안전 지표의 평균은 0.38로, 여기서 추정된 임계점 0.56에는 미달함. 이는 중소 · 중견기업의 전반적인 보건안전 관리체계가 아직 정착 초기 단계에 머물러 있음을 시사

  ▶ 상대적으로 낮은 수준의 보건안전 투자는 초기 비용 부담 증가에 비해 조직 내 안전성과 생산성 개선 효과가 미미하여 ROE에 부정적 영향을 미침

  ▶ 그러나 일정 수준 이상(OHS 임계점)을 초과하면, 시스템 정착과 안전문화 확산, 학습 효과 및 운영 효율성 확보를 통해 투자 대비 수익성이 회복되며 ROE가 다시 상승하는

구조를 시사(〈그림 10〉 참조)

▶ 따라서 평균적으로 낮은 보건안전 수준에 머무른 중소·중견기업들은 중간 수준의 투
자만으로는 오히려 수익성을 해칠 수 있으며, 임계점을 넘는 수준의 일관된 투자와 관
리 체계 확보가 요구됨

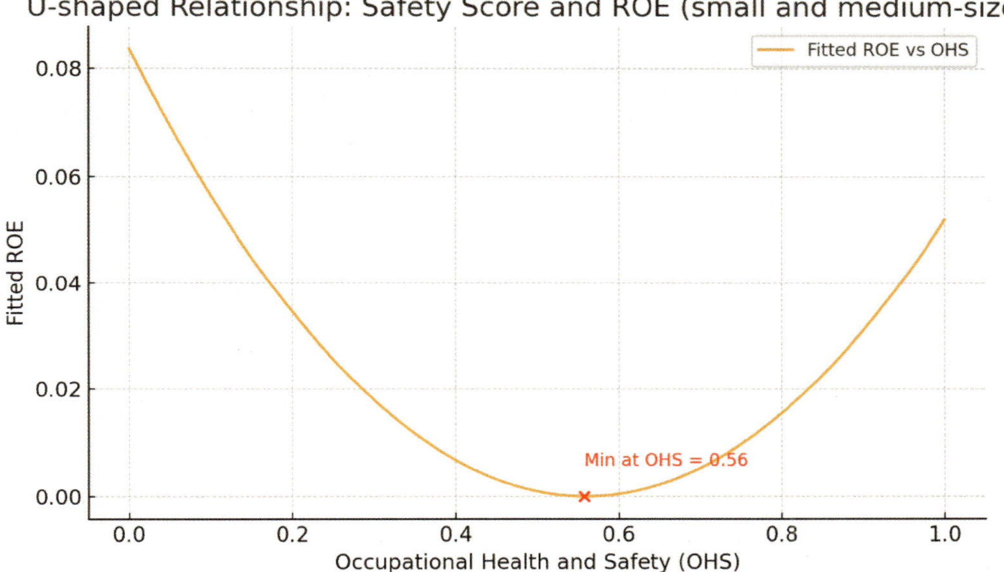

〈그림 10〉 근로자 보건안전 지표(OHS)와 ROE 간의 관계 (중소·중견기업)

2.2 산업별 중소·중견기업 분석

● 〈표 6〉은 중소·중견기업 내 산업별 분석 결과를 제시함

▶ 사망만인율이 상대적으로 높은 제조업·건설업·운수창고업(〈그림 3〉 참조)을 분석할
때, 유의성은 조금 낮아지지만 보건안전과 ROE 간 0.58을 임계점으로 가지는 U자형
관계가 추론됨

▶ 제조·건설·운수창고업과 '그 외 산업'(금융업을 제외한 서비스·정보통신업 등) 분
석 결과는 유사함. 제조·건설·운수창고업과 비교할 때, 임계점(0.51)이 조금 낮고 보
건안전 지표 수준의 변화에 따른 ROE 변화 폭이 더 가파름. 즉, 임계점 이전에는 ROE
감소 폭이 크고, 이후에는 다소 빠른 반등이 나타남 (〈그림 11〉 참조). 다만 금융업의

경우, 표본 수가 너무 적어 결과의 신뢰성이 현저히 낮음

● 동일한 ESG 투자라고 해도 산업별로 성과 창출 구조와 임계점이 다른데, 이는 산업 특성에 맞춘 보건안전 정책 및 ESG 평가지표 차등화의 정당성을 지지함. 예컨대, 제조업 · 건설업 · 운수창고업은 그 외 업종에 비해 보건안전 관리에 있어 다소 높은 '기초적 수준' 달성을 요구하며, 중장기적 · 제도적 투자 필요성이 큼

<표 6> 중소 · 중견기업 산업별 분석 결과

변수	중소 · 중견기업		
	제조 · 건설 · 운수창고업	금융 및 보험업	그 외 산업
근로자 보건 및 안전	−28.197*	1355.889	−47.516**
	(16.962)	(.)	(19.370)
근로자 보건 및 안전^2	24.025*	−333.839	46.529**
	(14.221)	(.)	(18.479)
관측치 수	1,990	22	177
기업 수	326	12	40
R−squared	0.127	1.000	0.655

Robust standard errors in parentheses;   *** p⟨0.01,   ** p⟨0.05,   * p⟨0.1 (통제변수 계수 추정치에 대한 보고 생략)

<그림 11> 산업에 따른 근로자 보건지표와 ROE 간 U자형 관계 비교

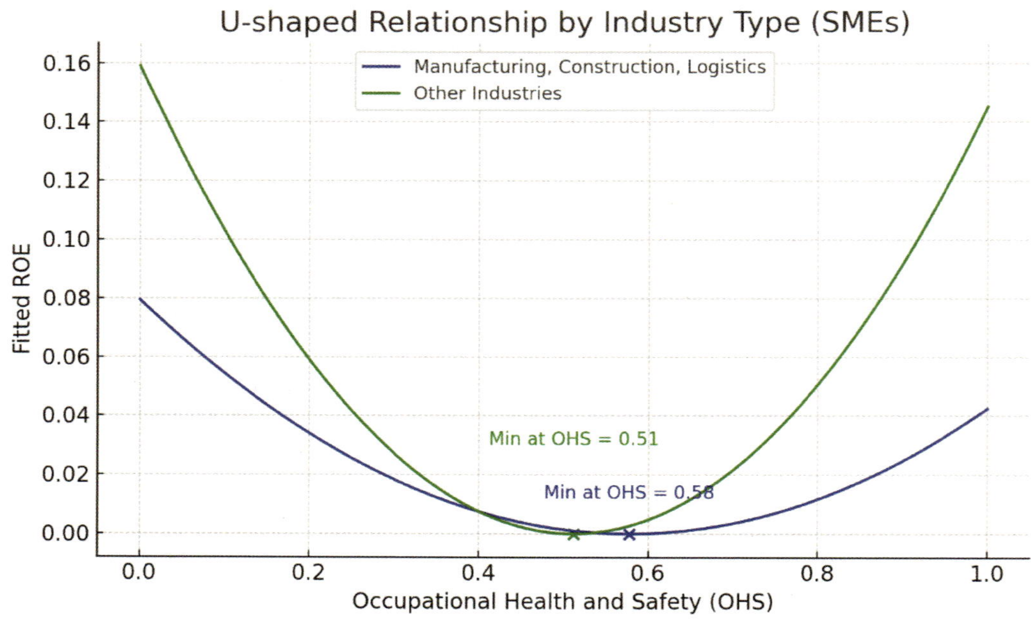

2.3 중소·중견기업 삼분위(Tertile) 분석

- 근로자 보건안전 지표 수준에 따라 세 그룹으로 나눈 분석함 (〈표 7〉 참조)

  ▶ 근로자 보건안전 지표 수준이 전체 중소·중견기업 표본의 하위 33%에 속하는 기업 샘플의 경우에만, 근로자 보건안전과 ROE 간 약 0.3을 임계점으로 가지는 U자형 관계가 추론됨(〈그림 12〉 참조)

  ▶ 한편 중소·중견기업 삼분위 각 표본군에서 근로자 보건안전 수준과 ROE 간 선형 관계는 관측되지 않음

  ▶ 이는 전체 중소·중견기업 표본에서 나타난 비선형적 관계가, 주로 보건안전 관리 수준이 낮은 하위 집단의 영향에 의해 형성되었음을 의미함

- 본 분석에서 도출된 비선형적 관계를 고려할 때, 근로자 보건안전 수준이 낮은 중소·중견기업은 일정 수준 이상의 개선을 통해서만 ROE 제고 효과를 기대할 수 있으므로, 이들이 임계점을 넘을 수 있도록 제도적·정책적 지원이 요구됨

〈표 7〉 중소·중견기업 삼분위 분석결과

변수	중소·중견기업					
	(1) 하위(0%~33%)		(2) 중위(33%~66%)		(3) 상위(66%~100%)	
근로자 보건 및 안전	−10.883	−50.757**	−4.977	−29.750	2.459	−15.857
	(16.404)	(21.296)	(5.231)	(23.489)	(2.896)	(10.554)
근로자 보건 및 안전^2		81.719***		27.000		16.827*
		(28.319)		(21.094)		(8.877)
관측치 수	677	677	758	758	754	754
기업 수	128	128	118	118	127	127
R-squared	0.254	0.256	0.100	0.109	0.164	0.169

Robust standard errors in parentheses;　　*** p$\langle$0.01,　　** p$\langle$0.05,　　* p$\langle$0.1 (통제변수 계수 추정치에 대한 보고 생략)

- 한편, 중소·중견기업에 해당하는 제조·건설·운수창고업 표본을 하위, 중위, 상위 3분위로 구분하여 살펴본 결과, 근로자 보건안전 지표 수준이 하위 33%에 속하는 기업군에서만 근로자 보건안전 수준과 ROE 간에 뚜렷한 U자형 관계가 관찰됨 (〈표 8〉 참조)

- 반면, 중위 및 상위 분위에 해당하는 기업군에서는 이러한 비선형적 관계가 유의하게 나타나지 않아, 보건안전 관리 수준이 일정 수준 이상인 기업에서는 ROE에 대한 보건안전의

영향이 상대적으로 미미하거나 선형적인 구조일 가능성을 시사함

<그림 12> 보건안전 지표와 ROE 간 비선형 관계 (지표 하위 33% 중소 · 중견기업)

<표 8> 중소 · 중견기업(제조업 · 건설업 · 운수창고업) 삼분위 분석결과

변수	중소 · 중견기업 (제조업 · 건설업 · 운수창고업)					
	(1) 하위(0%~33%)		(2) 중위(33%~66%)		(3) 상위(66%~100%)	
근로자 보건 및 안전	1.318	−32.450*	−5.358	−27.261	1.670	−14.198
	(11.906)	(17.651)	(5.584)	(24.856)	(3.004)	(11.479)
근로자 보건 및 안전^2		69.100***		24.135		14.645
		(23.440)		(22.343)		(9.761)
관측치 수	616	616	711	711	663	663
기업 수	109	109	107	107	110	110
R−squared	0.256	0.257	0.104	0.110	0.179	0.182

Robust standard errors in parentheses;　*** p⟨0.01,　** p⟨0.05,　* p⟨0.1 (통제변수 계수 추청치에 대한 보고 생략)

3. 대기업

3.1 대기업 전체

- 대기업에 전체 표본에 대해 분석한 경우

  ▶ 전체 대기업을 대상으로 한 분석에서는 근로자 보건안전 지표와 ROE 간에 선형 또는
  비선형 관계가 관찰되지 않음 (〈표 9〉 참조)

  ▶ 〈표 4〉에서 기업 규모를 고려하지 않은 전체 표본을 대상으로 한 분석에서 비선형적
  관계가 유의하지 않게 나온 것이, 주로 대기업 샘플이 영향을 미쳤던 것으로 보임

〈표 9〉 대기업 분석결과

변수	대기업	
	(1) 제곱항 제외	(2) 제곱항 포함
근로자 보건 및 안전	2.554	26.480
	(3.513)	(17.667)
근로자 보건 및 안전^2		−23.006
		(17.069)
관측치 수	744	744
기업 수	139	139
R−squared	0.728	0.730

Robust standard errors in parentheses;　　*** p〈0.01,　　** p〈0.05,　　* p〈0.1 (통제변수 계수 추청치에 대한 보고 생략)

3.2 산업별 대기업 분석

- 대기업 표본에서 산업별 분석을 진행한 결과

  ▶ 〈표 9〉의 첫번째 열(column)에 제시된 제조업·건설업·운수창고업 부문에 국한하여
  보았을 때, 대기업 표본에서는 역U자형 관계가 관찰되며, 이는 중소기업에서 관찰된 U
  자형과 정반대 결과임

  ▶ 한편, 대기업 전체 표본을 대상으로 한 〈그림 6〉과 비교했을 때, 〈그림 13〉은 대기업의
  제조업·건설업·운수창고업의 보건안전 지표가 2024년 기준 0~0.2 사이에는 거의
  분포하지 않고, 0.8 이상에 집중적으로 분포하고 있음을 보여줌

  ▶ 따라서 역U자형 관계가 나타난 것은, 해당 산업에 속한 대기업이 이미 높은 수준의 보

건 및 안전 관리체계를 갖추고 있는 상태에서 추가적인 개선 여지가 제한적이며, 일정 수준 이상의 보건안전 투자가 생산성 향상보다는 도리어 비용 부담 요인으로 작용할 가능성을 반영한 결과임

<표 10> 대기업 산업별 분석결과

변수	대기업		
	제조 · 건설 · 운수창고업	금융 및 보험업	그 외 산업
근로자 보건 및 안전	33.347**	68.636	−0.965
	(16.388)	(90.396)	(16.563)
근로자 보건 및 안전^2	−30.406*	−32.626	1.269
	(15.643)	(46.035)	(18.526)
관측치 수	620	36	88
기업 수	104	10	28
R-squared	0.748	0.760	0.640

Robust standard errors in parentheses;　　***　p⟨0.01,　　**　p⟨0.05,　　*　p⟨0.1 (통제변수 계수 추청치에 대한 보고 생략)

<그림 13> 대기업(제조 · 건설 · 운수창고업) 보건안전 지표 분포(2015 vs. 2024)

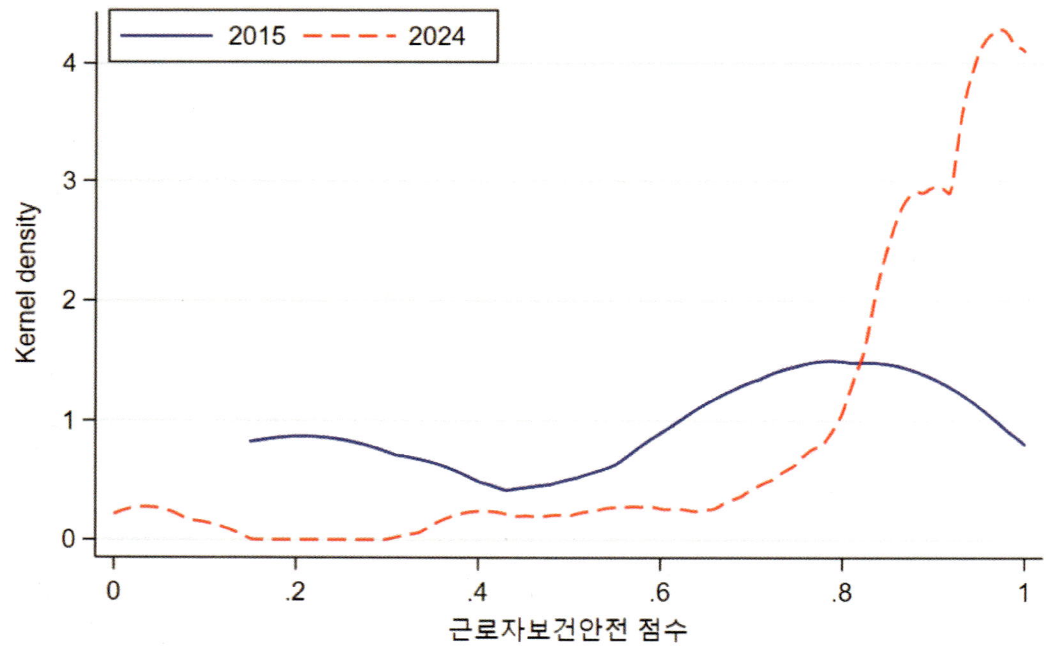

- ▶ 즉, 해당 산업에 속한 대기업의 경우, 보건안전 수준이 낮을 때는 보건안전 투자가 수익성에 긍정적인 영향을 미치나, 일정 수준을 초과하면 비용-편익 간 균형이 깨지며 ROE 개선 효과가 둔화되거나 심지어 감소할 수도 있음을 보여줌
- ▶ 한편 금융업 및 그 외 산업에서는 근로자 보건안전 지표가 수익성에 영향을 미치지 않는 것으로 나타남

3.3 대기업 삼분위(tertile) 분석

- ● 〈표 11〉은 대기업을 근로자 보건안전 지표 수준에 따라 세 그룹으로 나눈 분석한 결과를 제시하고 있음

  - ▶ 대기업 표본을 근로자 보건안전 지표 기준으로 삼분위로 구분한 결과, 하위 33% 그룹에서는 지표와 ROE 간에 U자형 관계가 유의하게 나타남. 그리고 중위 그룹에서는 선형, 비선형 관계를 발견할 수 없었고, 상위 그룹에서는 보건안전 지표와 ROE 간에 음(−)의 선형 관계를 관찰하였음

  - ▶ 하위 구간의 경우를 보면, 보건안전 지표 수준이 낮을수록 ROE가 하락하다가, 일정 임계점을 넘어서면 ROE가 유의미하게 상승하는 구조를 보임 → 이는 대기업군에서도 보건안전 투자가 아주 낮은 수준에 머물러 있을 때(또는 초기 단계에 머물러 있을 때), 보건안전 투자나 관리비용을 증가시킬수록 재무적 성과가 악화함을 보여주며, 둘 사이에 양(+)의 관계로 전환하기 위해서는 보건안전 지표 수준이 일정 임계점을 넘어야 함을 의미

〈표 11〉 대기업 삼분위 분석결과

변수	대기업					
	(1) 하위(0%~33%)		(2) 중위(33%~66%)		(3) 상위(66%~100%)	
근로자 보건 및 안전	10.448***	−23.998*	0.489	−0.635	−55.348**	22.944
	(3.358)	(12.438)	(5.054)	(18.101)	(24.993)	(150.519)
근로자 보건 및 안전^2		38.401***		1.045		−49.329
		(13.938)		(15.030)		(108.121)
관측치 수	249	249	239	239	256	256
기업 수	43	43	43	43	53	53
R−squared	0.211	0.236	0.144	0.145	0.793	0.793

Robust standard errors in parentheses;   *** p〈0.01,   ** p〈0.05,   * p〈0.1 (통제변수 계수 추청치에 대한 보고 생략)

- ▸ 초기 단계에서의 보건안전 투자는 교육훈련, 시설 개선, 외부 인증 확보 등 고정비 중심의 비용이 급격히 증가함에 따라 단기적으로 재무성과에 부정적 영향을 미칠 수 있음. 그러나 일정 수준 이상의 지속적인 투자를 통해 학습효과, 업무 효율 개선, 규모의 경제 등 조직 내 역량이 내재화될 경우, 중장기적으로는 수익성 제고에 긍정적으로 기여할 수 있다는 시사점을 도출할 수 있음

  → 위 분석은 이와 같은 시사점을 대기업 사례에서도 확인한 것에 의의가 있음

  - ▸ 특기할 점은 하위 삼분위 분석에서 근로자 보건안전 지표가 ROE와 양(+)의 선형관계도 보이고 있음. 이처럼 선형 관계와 U자형 관계가 통계적으로 공존한다는 것은 U자 커브에서 하향하는 구간은 좁고 기울기도 완만하다는 사실을 의미함

- ● 상위 그룹에서의 음(-)의 선형 관계

  - ▸ 한편 상위 그룹에서 보건안전 지표가 ROE와 음(-)의 상관관계를 가지고 있다는 사실은 어떻게 설명할 수 있을까?

  - ▸ Chairani & Siregar(2021)의 연구에 따르면, 통합적 리스크 관리(ERM) 체계 내에서 ESG 항목이 과도하게 통제될 경우 효율성이 저하되고 비용 부담이 증가할 수 있으며, 이는 여기서 나타난 결과와 같이 보건안전 수준이 일정 수준을 초과할 때 수익성과의 관계가 둔화되거나 역전되는 현상과도 맥락을 같이하는 것으로 해석할 수 있음

  - ▸ 이 같은 결과는, 이미 법적 · 사회적 기준 이상으로 안전 시스템이 체계화된 상위 기업의 경우, 추가적인 금전적 투자가 조직 및 제도적 기반의 정비 없이 이루어졌거나, 재무적 효율성을 충분히 고려하지 않은 "과잉" 투자였을 가능성을 시사함

- ● 다음 페이지의 〈그림 14〉는 〈표 11〉의 대기업 삼분위 분석 결과를 시각화한 것으로, ROE와 보건안전 점수(OHS) 간의 비선형 관계를 다음과 같이 요약할 수 있음

  - ▸ Low OHS: OHS 수준이 낮을수록 ROE는 하락하나, 일정 임계점(약 0.3) 이후 반등하며 U자형 회복 양상

  - ▸ Stable Zone: OHS와 ROE 간 유의한 관계없음, 수익성 안정 구간에 해당

  - ▸ High OHS: OHS가 지나치게 높아지면 ROE가 다시 하락, 비용 대비 수익 감소 가능성 반영

- ● 이처럼 대기업 표본의 경우, 전체적으로 일관된 관계가 나타난다고 단정하기는 어려우며

보건안전 수준에 따라 투자 효과가 상이하게 나타나는 바, 근로자 보건안전 지표의 세부 구간별로 안전 투자와 재무성과 간의 관계를 구체적으로 분석할 필요가 있음

● 또한, 이 같은 결과는 대기업 표본을 제조업·건설업·운수창고업에 국한하여 삼분위 분석을 시행한 선형·비선형 추정 결과와도 유사함 (〈표 12〉 참조)

〈그림 14〉 대기업 삼분위 분석 결과의 도식화

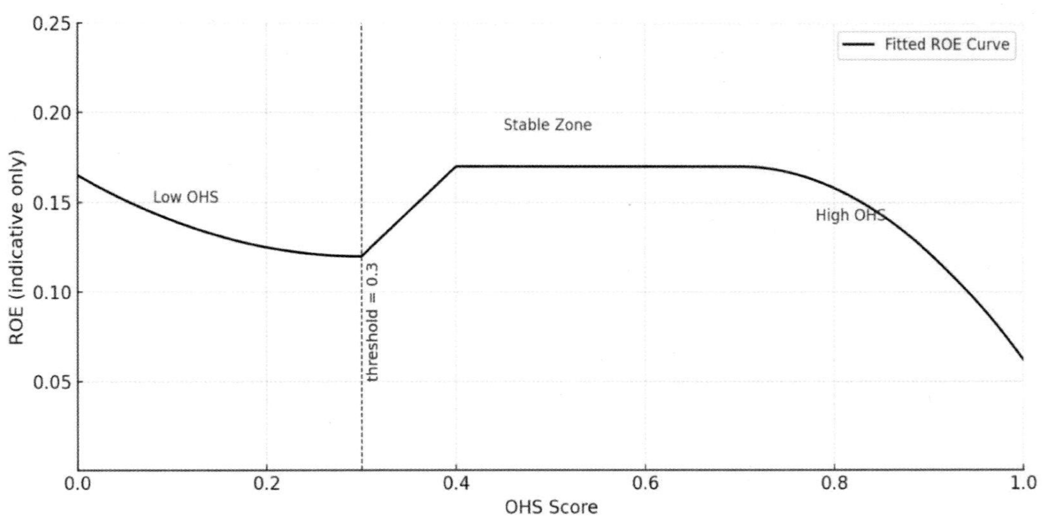

〈표 12〉 대기업 (제조업·건설업·운수창고업) 삼분위 분석결과

변수	대기업 (제조업·건설업·운수창고업)					
	(1) 하위(0%~33%)		(2) 중위(33%~66%)		(3) 상위(66%~100%)	
근로자 보건 및 안전	10.855***	−15.912**	0.156	15.504	−59.376**	81.868
	(3.644)	(7.735)	(6.001)	(29.534)	(27.626)	(186.108)
근로자 보건 및 안전^2		28.980***		−13.574		−89.324
		(8.815)		(23.013)		(132.545)
관측치 수	197	197	199	199	224	224
기업 수	29	29	29	29	46	46
R−squared	0.196	0.211	0.160	0.163	0.800	0.800

Robust standard errors in parentheses; *** p⟨0.01, ** p⟨0.05, * p⟨0.1 (통제변수 계수 추청치에 대한 보고 생략)

IV 결론

1. 결과 요약

● 코스피 상장 기업 전체(지주회사 제외)에 대한 실증분석 결과, 근로자 보건안전 지표가 ROE에 유의한 상관 관계를 보이지 않았으나, 기업 규모, 근로자 보건안전 지표 수준 및 산업별로 해당 지표의 재무성과에 대한 영향이 차별적일 수 있으므로, 표본을 세분화하여 분석을 전개함

1.1 중소 · 중견기업 분석 결과

① 중소 · 중견기업의 경우 근로자 보건안전(OHS) 관리 지표와 ROE 간 관계가 비선형적 (U자형)으로 나타남

- ▶ 보건안전 관리 수준이 낮은 초기 단계에서는 '조직 변화 저항'(organizational inertia)과 '전환 비용'(transition cost)의 영향으로 인해, 신규 제도 도입 및 보호장비 배치, 절차 정비 등에 따른 고정비 증가와 운영 비효율성이 발생할 가능성이 있으며, 이는 단기적으로 ROE에 부정적 영향을 미칠 수 있는 하나의 경로로 해석됨
- ▶ 반면, OHS 지표가 약 0.5~0.6 이상의 임계점을 초과하는 수준에서는 조직 학습 (organizational learning)과 안전문화의 제도화(institutionalization of safety culture) 가 이루어질 가능성이 높아지고, 이로 인해 생산성 향상, 이직률 감소, 조직 신뢰도 증대 등의 효과가 나타나면서, 장기적으로 ROE가 개선되는 비선형적 구조가 실증적으로 관찰된 것으로 해석될 수 있음

② 특히, 보건안전 관리 수준이 낮은 중소 · 중견기업 하위 삼분위(0~33%) 집단에서는 이러한 U자형 구조가 더욱 뚜렷하게 나타났으며, 이는 보건안전 수준이 일정 임계점에 미치지 못하는 중소 · 중견 규모의 기업에서 상대적으로 작은 개선만으로도 재무성과에 유의한 개선 효과가 발생할 수 있음을 시사함

③ 한편, 중소 · 중견기업은 산업에 관계없이 전반적으로 OHS 지표와 ROE 간에 U자형 관계가 관찰됨

- ▶ 〈그림 11〉의 곡률을 참조할 때, 제조업 · 건설업 · 운수창고업 등 재해의 위험이 상대적으로 높은 산업에서는 임계점 이후 OHS 지표 상승에 따른 ROE 회복이 점진

적으로 나타남

1.2 대기업 분석 결과

① 전체 대기업 표본에서는 OHS 지표와 ROE 간 유의미한 선형 및 비선형 관계가 나타나지 않았음

② 대기업 표본을 근로자 보건안전 지표 기준으로 삼분위로 구분한 결과, 하위 33% 그룹에서는 중소·중견기업의 경우와 같이 지표와 ROE 간에 U자형 관계가 유의하게 나타남. 그러나 중위 그룹에서는 선형, 비선형 관계를 발견할 수 없었고, 상위 그룹에서는 보건안전 지표와 ROE 간에 음(-)의 선형 관계를 관찰하였음

    ▶ 대기업에서도 낮은 보건안전 수준에서는 초기 투자 비용 및 관리 시스템 도입 부담으로 단기적으로 ROE 하락 가능성 존재

    ▶ 한편 중상위 그룹의 경우, 추가 투자의 한계 효과가 적거나 오히려 "과잉" 투자로 인해 부정적 영향을 받을 수 있음. 특히 상위 삼분위 대기업 표본에서 관찰된 OHS 지표와 ROE 간의 강한 음(-)의 상관관계 결과는 이를 뒷받침함

③ 제조업·건설업·운수창고업 등 산업재해 위험이 높은 대기업 산업군에서는 전체적으로 역U자형의 관계가 관찰되었으며, 이 또한 보건안전 투자가 일정 수준을 넘어서면 오히려 비용 대비 편익이 감소할 수 있음을 시사함

④ 대기업 내 제조업·건설업·운수창고업 표본을 대상으로 삼분위 분석한 결과는 대기업 전체 표본을 대상으로 한 삼분위 분석 결과와 동일함

1.3 결과 해석

● U자형 관계의 이론적 배경

    ▶ 보건안전 투자의 초기 단계에서는 보호장비 지급, 매뉴얼 재정비, 교육 훈련 등으로 인한 비용이 발생하며, 조직 내부적으로 새로운 시스템에 대한 저항 및 문화적 변화 관리로 인한 생산성 감소 현상이 나타남

    ▶ 이는 조직 변화 관리 이론(Sancak, 2023)과 Estudillo et al.(2024)의 연구에서 제시된 초기 투자의 비효율 및 단기 성과 하락 가능성과 연결됨

▶ 일정 기간이 경과한 이후에는 조직의 학습 효과 및 문화의 내재화가 이루어져, 안전 투자의 긍정적 효과가 점차 나타나 생산성을 비롯한 기업의 재무성과 개선으로 연결됨(Bautista-Bernal et al., 2024)

▶ 또한 일정 수준 이상의 투자는 규모의 경제를 실현하여 투자 대비 수익성이 증가하는 구조로 발전

● 기업 규모 및 산업 특성에 따른 차별적 시사점

▶ 중소·중견기업은 자원의 한계로 인해 초기 보건안전 투자의 부담이 크게 작용하나, 임계점 도달 이후 투자의 긍정적 효과가 상대적으로 크게 나타남. 따라서 중소·중견기업 대상 ESG 지원 정책으로, 초기 투자를 지원하는 재정적 인센티브와 역량 강화 프로그램이 필요함

▶ 한편, 본 분석의 결과는 이미 높은 수준의 안전 시스템을 보유하고 있는 대기업의 경우는 추가 투자의 효율성이 제한적일 수 있음을 시사함

  • 물론 하위 삼분위 그룹에 대해서는 집중 투자 및 지원이 효과적임

  • 대기업에서는 보건안전 지표 수준이 올라갈수록 투자의 한계 효과를 고려한 선택적 접근이 필요함. 특히 금전적 투자와 병행하여 조직 전환이 수반되지 않으면 ROE에 부정적인 영향을 미칠 수 있음

  • 다만, 현재의 보건안전 지표가 실질적인 보건안전 관리 수준을 정확하게 반영하지 못할 가능성을 배제할 수 없음. 최상위 구간에서 실제 보건안전 관리 수준은 높아지지 않았는데 점수만 상승한다면, 보건안전 지표와 ROE 간의 음(-)의 상관관계는 잘못된 관계(spurious relationship)를 의미함

  • 종합하면, 〈그림 14〉가 시사하듯, 전체 대기업 표본에서 일관된 패턴이 확인되지는 않았으며, 이는 보건안전 수준에 따라 ROE의 반응 구조가 상이하게 전개되는 다층적 관계임을 의미함. 따라서 구간별 특성을 반영한 미시적 분석이 시행되어야 함

2. 시사점

2.1 글로벌 ESG 맥락에서 본 연구 결과의 함의

- 글로벌 ESG 평가 동향에서 Social 요소의 중요성이 점차 강조되고 있으며, 특히 근로자 보건안전 지표가 글로벌 투자자 평가의 핵심이 되고 있음(United Safety, 2025)
  - ▶ 최근 글로벌 투자자와 평가기관은 기업의 안전관리 체계, 산업재해 발생률, 보건·안전 정책의 실효성 등 구체적 데이터를 중점적으로 요구하는 추세인데, 이는 단순한 방침 수립을 넘어서, 실제 이행 수준까지도 중요하게 여기는 평가 기준의 변화로 해석할 수 있음
  - ▶ 근로자 보건안전 지표의 투명한 공시와 이해관계자(투자자, 고객, 지역사회 등)와의 적극적 소통이 기업 신뢰도와 투자 유치에 직접적 영향을 줄 수 있음
- 본 연구는 이러한 흐름에 맞추어, 근로자 보건안전이 단지 도덕적 또는 규제적 준수 차원을 넘어서, 기업 경쟁력 제고를 위한 전략적 투자로 인식되어야 함을 보여주었음
  - ▶ 특히 보건안전 관리 수준과 ROE 간의 비선형적 관계 추론을 통해, 일정 수준 이상의 근로자 안전 투자 및 관리가 재무적 이득으로 이어질 수 있음을 확인함
  - ▶ 글로벌 ESG 평가 기준이 고도화되고 있는 상황에서, 한국 기업들 역시 보건안전 투자를 선택이 아닌 필수로 인식하고, 형식적 대응 수준을 넘어 실질적인 제도적·재정적 노력을 통해 국제적 기준에 부합하는 역량을 강화해 나갈 필요

2.2 정책 설계자에 대한 함의

- 정부는 보건안전 관리가 미흡한 기업 및 재해 위험 산업군에 대한 선별적인 정책 개입을 통해, 기업들이 투자 초기 단계의 비용 부담을 극복하고 지속적인 투자를 유지할 필요가 있음
- 중소·중견기업의 경우, 대기업에 비해 근로자 보건안전 지표 수준이 낮은 경향을 보이며, 자체 역량만으로 개선하기 어려운 구조적 제약이 존재
  - ▶ 이에 따라, 중소기업을 중심으로 한 구체적이고 차별화된 정책적 지원이 필요
  - ▶ 예를 들어 자금 지원, 맞춤형 안전 컨설팅, 산업안전기술 보급 등의 제도를 체계적으로 확충할 필요가 있음

- 제조업 · 건설업 등 고위험 산업군은 산업재해 가능성이 상대적으로 높고, 기타 산업에 비해 비선형적 관계의 임계점이 다소 높기 때문에, 해당 업종을 대상으로 한 우선적이고 집중적인 정책 지원이 요구됨
  - ▶ 예를 들어, 안전 인증에 소요되는 비용 지원, 산업재해 예방을 위한 인프라 구축 및 기술적 지원 등 실질적 효과를 낼 수 있는 조치가 선행되어야 함.
- 본 연구 결과 보건안전 관리의 효과는 시차를 두고 나타나는 특성이 관찰되므로, 정책 설계 시 단기적 지표 중심의 성과 평가 방식을 지양해야 함
  - ▶ 세제 감면이나 인센티브 제공 시에도 정책의 시차 효과를 충분히 고려하는 평가 체계의 도입을 적극적으로 검토할 필요가 있음:
    - 성과 기반 금리 지원형 융자 프로그램: 보건안전 분야에 일정 기준 이상의 투자를 집행한 중소기업에 대해, 향후 일정 기간 동안 금리 지원
    - 성과 누적지표 기반의 단계적 인증제 도입: 전기 투자의 질적 · 양적 성과가 누적되는 방식으로 평가하고, 이에 따라 인증 수준이 상향되는 구조 설계 필요

2.3 투자자에 대한 함의

근로자 보건안전 관리 수준이 일정 임계점을 넘어서면 기업의 수익성(ROE)이 유의하게 개선되는 경향을 보이며, 이는 보건안전에 대한 체계적인 관리와 투자가 기업의 장기적인 가치 창출과 성장 가능성을 견인할 수 있음을 시사함. 따라서, 보건안전 체계를 개선하는 기업에 대해 투자자는 이를 비용으로만 인식하지 않고, 중 · 장기적 재무성과 개선의 관점에서 평가할 수 있음. 특히, 이 두 지표 간의 관계가 비선형적이라는 점을 기업 평가와 투자 결정 시에 고려할 필요가 있음

중 · 장기적 투자

산업 특성 및 기업 규모에 따라 투자 전략을 선별적으로 적용할 필요가 있으며, ESG 평가 시 근로자 보건안전 지표를 필수 평가 요소로 활용할 필요가 있음(예: ESG 펀드 구성 시 안전보건 관리 성과를 평가 지표로 추가하는 방안 등)

선별적 투자

근로자 보건안전 수준이 낮은 기업은 초기 비용 부담이 존재하지만 임계점 이후 재무성과 개선이 예상됨. 따라서 ESG 투자자 입장에서 보건안전 수준이 비교적 낮은 기업을 undervalued된 잠재력 높은 기업으로 간주하고 전략적 투자 대상으로 삼을 수 있음

보건안전 수준을 고려한 투자

2.4 학술적 기여

- 기존 연구들이 산업재해율과 같은 단순 지표를 활용해 재무성과와의 관계를 선형적 관점
  에서 분석한 데 비해, 본 연구는 보건안전 시스템의 구축 수준과 안전경영 체계의 질적 수
  준을 반영하는 정교한 지표(근로자 보건안전 지표)를 사용함으로써 질적 요인의 계량화를
  시도함

  - ▶ 보건안전 관리의 실질적 체계성과 지속성에 대한 정량적 분석이 미흡했던 기존 한계를
    극복하고, OHSMS 인증, 안전문화, 시스템 구축 여부 등 구조적 요소를 통합적으로 반
    영함

- 동 시기 효과 분석에 그친 선행연구와 달리, 본 연구는 1년의 시차를 고려한 분석 설계를
  통해 보건안전 투자 효과의 지연(lag) 구조를 실증적으로 규명함

- 선형성(linearity) 가정에만 국한하지 않고, U자형의 비선형 구조 및 전환점 존재를 실증
  분석하여, 보건안전과 재무성과 간 관계의 구조적 복잡성을 확인함

- 중소·중견기업과 대기업, 산업별 삼분위 집단별로 분석을 수행하여, 기업 규모 및 산업
  특성에 따른 이질적 효과와 정책 개입의 타겟팅 필요성을 도출함

- 서스틴베스트가 오랜 기간 대규모 표본을 대상으로, 일관된 기준으로 수집한 精緻한 데이
  터를 활용함으로써, 보건안전 성과의 정책적·투자적 함의를 고려한 분석을 수행하여 신
  뢰할 수 있는 결과를 제시함

기업의 DEI(Diversity, Equity, Inclusion) 수준이 재무성과에 미치는 영향

제3부

여성의 고용 조건을 중심으로

1. 서론: 지금 왜 '성별 다양성'인가?

- 글로벌 스탠다드와 ESG 투자 패러다임의 변화

  ▶ ESG(환경(Environment), 사회(Social), 지배구조(Governance)) 투자 및 경영이 글로벌 표준으로 자리 잡으면서, 기업의 지속가능한 성장을 위한 핵심 전략으로 DEI(Diversity, Equity, and Inclusion), 즉, 다양성, 형평성, 포용성의 중요성이 확대되고 있음

  ▶ 특히 성별 다양성은 UN의 지속가능발전목표(SDG 5: 성평등)의 핵심 의제이자, BlackRock 등 주요 글로벌 기관투자자들이 투자 의사결정에 반영하는 핵심 '사회(S)' 지표로 간주됨

- 한국의 현주소: 구조적 제약과 시급성

  ▶ 한국은 OECD 국가 중 성별 임금 격차가 가장 큰 국가 중 하나이며, 여성 경제활동 참가율은 경력단절을 반영한 'M자형 곡선' 형태를 보임

  ▶ 또한, 이사회 내 여성 비율은 글로벌 평균에 미달해 성별 다양성과 관련한 구조적 제약이 지속되고 있음

  ▶ 자본시장법 개정을 통해 2022년부터 시행된 자산 2조원 이상 상장사의 여성 이사 1인 이상 의무화 조항은 이러한 제약을 완화하기 위한 정책적 조치이나, 제도 도입 초기 한계로 실질적 변화는 제한적임

- 연구의 목적

  ▶ 본 연구는 한국 유가증권시장(KOSPI) 상장기업을 대상으로 성별 다양성 및 DEI 관련 프로그램이 기업의 재무성과(시장가치 및 회계적 수익성)에 미치는 영향을 실증적으로 분석함

  ▶ 이를 통해 DEI가 실제 기업성과로 이어지는지, 그리고 기업 특성에 따라 그 효과가 어

떻게 달라지는지를 규명하고자 함

▶ 분석 결과는 기업, 투자자, 정책 입안자에게 활용 가능한 시사점을 제공하는 것을 목표
로 함

2. 선행연구 검토 및 본 연구의 차별성

● 이론적 배경

▶ 대리인 이론, 최고경영진 이론 등 긍정적 효과 이론들은 여성 리더의 참여가 이사회의
감독 기능을 강화하고, 조직이 외부 자원과 네트워크에 접근할 수 있는 범위를 확대하
며, 다양한 관점을 통해 집단사고(groupthink)를 완화함으로써 의사결정의 질을 제고
할 수 있음을 시사함

▶ 반면, 토크니즘 이론(tokenism theory)은 소수 여성의 참여가 상징적 역할에 그칠 가능
성을 지적하며, 임계점 이론(critical mass theory)은 실질적 변화를 위해 일정 수 이상
의 여성 참여가 전제되어야 함을 강조함

● 선행 실증연구의 한계

▶ 성별 다양성과 기업성과 간의 관계에 대한 기존 실증 연구는 긍정적, 부정적, 무관한 결
과가 혼재해 일관된 결론을 제시하지 못함

▶ 예를 들어, 노르웨이 여성 이사 할당제를 분석한 초기 연구(Ahern & Dittmar, 2012)는
기업가치의 하락을 보고한 반면, 이후 연구(Eckbo et al., 2022)는 통계적으로 유의미한
영향을 확인하지 못함

▶ 국내 연구 역시 일부 긍정적 효과를 제시하고 있으나, 여성 이사 비율과 같은 양적 지
표에 집중해 여성 리더십의 질적 측면과 실질적 권한을 충분히 반영하지 못하는 한계
가 존재함

● 본 연구의 기여점

▶ 본 연구는 전통적으로 활용되던 '여성 사외이사 비율'뿐 아니라 '여성 대표이사 존재
여부', '여성 미등기 임원 비율' 등 실질적 의사결정 권한과 연결되는 지표를 포함하여
여성 리더십의 질적 측면을 분석함

▶ 또한 '고용평등 지수'와 같은 상위의 포괄적 지표뿐 아니라, 장애인 고용 현황, 고용 다양성 증진 프로그램, 일·생활 균형, 가족친화경영 등 세부 DEI 프로그램을 구분하여 다양성 정책의 구성 요소별 효과를 평가함

▶ 산업 집단(금융 vs 비금융, 제조업 vs 서비스업) 및 기업 규모(대기업, 중견기업, 중소기업)별 이질적 효과 분석을 통해 획일적 결론이 아닌 상황 적합성 (contingency)에 기반한 시사점을 제시함

3. 데이터 및 분석방법 소개

● 데이터 구성

▶ 대상 기업: 유가증권시장(KOSPI) 상장기업

▶ 대상 기간: 2018년~2024년

▶ 데이터 구조: 기업-연도 기준 형태의 불균형 패널(unbalanced panel) 데이터 형태로 구성됨

▶ 자료 출처: ESG 평가 지표는 (주)서스틴베스트, 재무 및 기업 정보는 Value Search DB를 활용함

● 주요 변수의 정의

▶ 종속변수(재무성과)

• Tobin's Q: (시가총액 + 부채 장부가치)/총자산 장부가치

• ROE: (당기순이익/평균 자기자본) × 100

▶ 독립변수(DEI 프로그램)

• 고용평등 및 다양성 지수

• 여성 직원 수 비율, 장애인 고용 현황, 고용다양성 증진 프로그램, 일·생활 균형, 가족친화경영 등 세부 DEI 프로그램 지표

▶ 독립변수(여성 리더십)

• 여성 사외이사 비율, 여성 대표이사 존재 여부, 여성 미등기 임원 비율

▶ 통제변수

- 기업 규모(총자산 로그), 부채비율, 기업 연령

- 연구 모형: 이중 고정효과 패널 회귀분석

  ▶ 본 연구는 다음과 같은 이중 고정효과(two-way fixed effects) 모형을 사용함

  $$Perf_{it} = \beta_0 + \beta_1 DEI_{it-2} + X'_{it}\gamma + \mu_i + \lambda_t + \varepsilon_{it}$$

  ▶ 내생성 및 시차 문제 완화: DEI 정책 도입이나 여성 경영인 선임이 재무성과로 나타나기까지 시간이 소요됨을 감안하고, 재무성과와 DEI 성과 사이의 역인과관계(reserved causality) 가능성 문제를 완화하기 위해 DEI 관련 독립변수는 2년 시차(t-2)를 적용하여 분석함

  ▶ 기업 및 연도 고정효과: 관찰되지 않은 기업 고유 특성과 연도별 거시경제 충격을 통제함으로써 추정치의 신뢰도를 높임

4. 실증분석 결과 (1): DEI 프로그램과 기업 재무성과

- **대부분의 DEI 프로그램 지표는 기업 재무성과에 영향을 미치지 않는 것으로 나타남**

  ▶ 상위 지표인 고용평등 및 다양성 지수, 하위 세부 지표인 여성 직원 수 비율, 장애인 고용 현황 모두, 전체 표본뿐 아니라 산업별·규모별 하위 표본에서도 기업가치(Tobin's Q)와 수익성(ROE)에 유의한 영향을 보이지 않음

  ▶ 이는 한국 기업의 DEI 제도가 정착 초기 단계에 있거나, 해당 지표가 아직 기업의 DEI 활동을 충분히 반영하지 않을 가능성을 시사함

  ▶ 또한 투자자들도 이 같은 DEI 지표를 기업가치 평가에 주요 요인으로 활용하지 않는 것으로 해석됨

- **일부 개별 프로그램은 단기 비용 지출로 말미암아 부정적 영향을 보임**

  ▶ 고용다양성 증진 프로그램은 서비스업 표본의 Tobin's Q,와 중견·대기업의 ROE에서 음(-)의 관계를 보임

  ▶ 이는 프로그램 도입 초기의 교육·제도·구축·운영 비용이 단기적으로 재무성과에 부담으로 작용하여 시장 가치 또는 수익성에 부정적 영향을 미칠 수 있음을 시사함

- 주목할 만한 이질적 효과: '일 · 생활 균형' 프로그램의 긍정적 영향

  ▶ 일 · 생활 균형 프로그램과 가족친화 경영 지표는 제조업 및 중소기업 표본에서 기업가치(Tobin's Q)에 유의한 정(+)의 영향을 보임

  ▶ 이는 해당 산업 · 규모의 인력 구조적 특성과 관련되어 인력 확보 및 유지 측면에서 긍정적 신호로 작용했을 가능성을 시사함

  ▶ 자본시장은 이를 기업의 안전성 · 지속가능성과 연계된 신호로 해석해 기업가치를 높게 평가한 것으로 해석됨

5. 실증분석 결과 (2): 여성 리더십과 기업 성과

- 여성 미등기 임원 비율의 영향 부재

  ▶ 여성 미등기 임원 비율은 전체 표본뿐 아니라 산업별 · 규모별 하위 표본에서도 기업가치(Tobin's Q)와 수익성(ROE)에 유의한 영향을 보이지 않음

  ▶ 이는 단순히 여성 임원 수 증가만으로는 기업의 실질적 의사결정 구조나 성과에 영향을 미치기 어렵다는 사실을 의미함. 즉, 여성 임원 수 증가가 기업 내 의사결정 구조나 권한 배분과 반드시 연계되지 않음을 의미하며, 이 경우 재무성과와 관계가 나타나기 어렵다는 점을 시사함

- 여성 사외이사 비율의 제한적 효과

  ▶ 여성 사외이사 비율은 전체 표본에서는 유의하지 않았으나, 금융업 표본에서는 기업가치(Tobin's Q)에 유의한 정(+)의 관계가 나타남

  ▶ 금융업 산업 특성상 규제 준수와 지배구조 투명성이 중시되기 때문에, 여성 사외이사 선임이 이사회 기능 강화 신호로 해석되었을 가능성이 있음

- 여성 대표이사의 '거버넌스 리스크' 또는 '유리 절벽' 현상

  ▶ 여성 대표이사 존재 여부는 서비스업, 중소기업 및 대기업의 기업가치(Tobin's Q)에 대해 유의미한 음(-)의 관계를 보임

  ▶ 주목할만한 점은, 이러한 부정적 관계가 회계 기반의 경영 실적(ROE)에는 나타나지 않고 시장의 기업 평가(Tobin's Q)에만 나타났다는 것임. 즉, 여성 대표이사의 경영 실

적과는 관계없이 자본시장이 여성 CEO의 선임을 부정적으로 평가하고 있음을 의미함

▶ 이 결과는 우선 지배구조 리스크 관점에서 해석할 수 있음. 지배주주의 여성 친족(딸/
며느리 등)이 경영 능력 검증이 부족한 상태에서 CEO로 선임된다면 시장에서는 이를
지배구조 리스크로 인식하여 기업가치에 부정적 영향을 미칠 것임. 그런데 서비스업과
중소기업에서 여성 친족 CEO가 선임될 가능성이 더 클 것으로 예상되는데, 이는 실증
분석 결과와 일치함

▶ 한편, 어려움을 겪고 있는 기업에 여성 CEO가 선임될 가능성이 높다는 '유리 절벽
(glass cliff)' 현상을 염두에 둘 때, 시장에서는 여성 CEO 선임 자체를 회사의 경영 위
기 상황과 연계된 신호로 받아들일 가능성도 있음

6. 결론 및 시사점

● 종합 요약

▶ 본 연구는 한국 기업에서 DEI와 재무성과 간의 직접적 · 긍정적 연계가 전반적으로 제
한적임을 확인함

▶ 이는 제도 도입 초기 단계, 형식적 운영, 시장의 인식 부족 등과 관련된 요인에서 기인
할 가능성을 시사함

▶ 다만, 중소기업 및 제조업에서 일 · 생활 균형 프로그램, 금융업에서 여성 사외이사 등
일부 특정 맥락에서의 DEI 전략은 시장가치에 긍정적 신호로 작용함

▶ 반면 여성 대표이사 선임과 시장가치 간 음(−)의 관계는 유리 절벽(glass cliff) 또는 친
족 경영과 연계된 거버넌스 리스크에 대한 시장의 인식을 반영하는 것으로 해석됨

● 정책적 시사점

▶ 양적 규제에서 질적 성장 지원으로의 성장

• 여성 이사 할당제와 같은 획일적 · 양적 규제는 재무성과와 직접적으로 연계되지
않음

• 여성 리더의 전문성 발휘, 이사회에서 핵심 위원회 참여 등 질적 성장을 강화하는
방향으로 정책적 지원이 필요함

- ▶ 기업 특성 기반의 선택적 지원
  - • 예컨대 제조업 및 중소기업에서 효과가 나타난 일·생활 균형 프로그램에 대해 세제 혜택과 같은 도입 인센티브를 제공하는 등, 기업 특성에 적합한 맞춤형 지원이 효과적임
- ▶ 거버넌스 리스크 완화
  - • 친족 경영과 연계된 시장의 부정적 인식을 완화하기 위해, 여성 전문경영인 발굴·홍보와 함께 유리 절벽 상황에 직면한 여성 CEO를 위한 지원 체계를 마련할 필요가 있음
- ● 시장·투자 관점의 시사점
  - ▶ 실질성(materiality) 평가
    - • 포괄적 ESG 점수 또는 여성 이사 비율과 같은 단순 지표보다는, DEI 정책이 기업의 핵심 전략과 어떻게 연계되는지를 평가할 필요가 있음
  - ▶ 시장 인식과 실제 성과의 분리
    - • 여성 대표이사 선임과 관련해 시장 인식(거버넌스 우려)과 실제 성과(ROE)를 구분하여 평가하고, 시장의 인식 편향 여부와 실질적 리스크 여부를 별도로 판단할 필요가 있음
  - ▶ 장기적 관점 유지
    - • DEI는 단기적 수익 창출보다는 인적자본 확보 및 리스크 관리 관점에서 장기적 투자 영역으로 접근하는 것이 적절함

I

서론

1. 포용적 성장을 위한 DEI의 전략적 중요성

- 기업가치 평가의 새로운 기준

  ▶ 21세기 글로벌 경영 환경에서는 기업가치를 평가하는 기준이 변화하고 있음

  ▶ 과거에는 재무적 성과가 기업 평가의 핵심 척도였으나, 최근에는 환경(E), 사회(S), 지배구조(G) 등 비재무적 요소가 기업의 장기적 성장 가능성과 지속가능성 판단에 중요한 기준으로 부상하고 있음

  ▶ 이러한 변화의 중심에는 기업이 사회 구성원으로서 이행해야 할 책임과 역할에 대한 높아진 기대가 자리잡고 있으며, 특히 인적 자본의 가치를 극대화하고 포용적 조직 문화를 구축하는 것이 핵심 경영 과제로 대두되고 있음

- 지속가능경영의 핵심 전략, DEI

  ▶ 다양성(Diversity), 형평성(Equity), 포용성(Inclusion)으로 구성되는 DEI는 지속가능경영의 핵심 전략으로 부상하고 있음

  ▶ DEI는 단순히 조직 내 인구통계학적 다양성을 확보하는 것에 그치지 않고, 구성원이 공정하게 대우받으며 자신의 역량을 충분히 발휘할 수 있는 환경을 조성하는 것을 목표로 함

  ▶ DEI는 기업의 사회적 책임 이행이라는 당위적 차원을 넘어 혁신 촉진, 리스크 관리 강화, 우수 인재 확보 · 유지 등 기업의 본원적 경쟁력과 직결된다는 점에서 전략적 가치가 큼

- 본 보고서의 목적과 구성

  ▶ 본 보고서는 DEI가 기업의 재무성과에 미치는 영향을 다각적으로 분석하고 한국 기업에 주는 시사점을 도출하는 것을 목적으로 함

  ▶ 이를 위해, 먼저 UN의 지속가능발전목표(SDGs)를 필두로 한 글로벌 스탠다드와 투자 패러다임의 변화를 살펴볼 것임

  ▶ 다음으로 다양한 DEI 프로그램들과 재무성과 간의 관계를 분석하고,

  ▶ 나아가 기업 리더십에서의 성별 다양성이 기업의 재무성과, 조직 문화에 미치는 영향을 실증적으로 검토한 후, 향후 개선 방향 및 과제를 제시함

2. 글로벌 스탠다드와 투자 패러다임의 변화

- UN 지속가능발전목표(SDGs)와 성별 다양성

  ▶ SDGs의 개념과 의미

  - SDGs(Sustainable Development Goals, 지속가능발전목표)는 2015년 UN 총회에서 채택된 17개 글로벌 공동목표로, 빈곤·불평등·기후변화 등 인류 공동과제를 2030년까지 해결하기 위한 국제적 행동 지침임
  - SDGs는 모든 국가와 기업, 시민사회가 함께 이행해야 할 과제로서, ESG 경영과도 직접적으로 연결되어 있음

  ▶ 성별 다양성과의 연결

  - SDGs는 성별 다양성과 밀접한 관련이 있으며, 특히 다음 네 가지 목표가 성별 다양성과 직접적인 연관을 가짐
  - SDG 5(성평등): 여성과 여아의 권리 보장 및 리더십 기회 확대
  - SDG 8(양질의 일자리와 경제성장): 성별과 무관한 공정한 고용 기회 제공 및 경력단절 방지
  - SDG 10(불평등 완화): 채용·승진·보상에서 성별 차별 제거 및 사회·경제적 불평등 축소
  - SDG 16(평화·정의·제도 강화): 포용적 의사결정 구조 마련을 통해 여성의 정책·경영 참여 확대

  ▶ 한국의 위치

  - UN이 발표하는 SDG Gender Index에서 한국은 성평등 지표가 OECD 평균에 미치지 못함
  - 여성 경제활동 참가율(2024년 56.3%)과 이사회 여성 비율(약 10%)은 여전히 선진국 대비 낮은 수준임
  - 성별 임금격차 또한 OECD 국가 중 가장 높은 수준(약 34%)으로, 개선 속도가 더딤
  - 최근 일정 규모 이상의 상장기업을 대상으로 여성 이사 선임 의무화 등 제도 변화가 진행 중이나, 글로벌 스탠다드에 비하면 초기 단계임

▶ 시사점

- SDGs는 단순한 국제 선언이 아니라 투자자 · 규제기관 · 소비자의 판단 기준으로 기능하고 있음
- 한국 기업이 글로벌 공급망 및 자본시장에서 경쟁력을 유지하기 위해서는 성별 다양성 지표 개선이 필수적임
- ESG 평가에서 성별 다양성은 사회(S) 부문의 핵심 요소로 간주되며, SDGs 이행 수준과도 직접 연계됨

● 글로벌 투자 패러다임 및 정책 환경의 변화

▶ 주요 공적 연금 및 글로벌 자산운용사(BlackRock, State Street, Vanguard 등)는 성별 다양성을 핵심 ESG 투자 요소로 반영하고 있어, 성별 다양성은 사회적 가치를 넘어 경제적으로도 중요한 이슈로 대두되고 있음

▶ 이러한 추세에 따라 MSCI ESG 평가, Bloomberg Gender Equality Index(GEI) 등 글로벌 지수 및 평가 체계에서 기업의 성별 다양성을 포함한 DEI 성과를 평가 · 등급화하고 있음. 특히 성별 다양성은 ESG 평가의 사회(S) 부문에서 핵심 지표로 자리매김함

▶ 종합하면, 투자자의 기업가치 평가 기준이 기존의 재무성과 중심에서 포용성과 같은 비재무적 성과를 함께 고려하는 방향으로 확장되는 추세임

▶ 이러한 투자자 요구에 대응하여 전 세계적으로 성별 다양성을 의무화하는 정책 및 규제도 강화되고 있음

- 유럽연합(EU)은 2026년까지 상장기업 이사회 내 여성 비율 40% 달성을 목표로 하는 제도를 도입하였으며, 영국과 호주는 성별 다양성 공시 의무를 통해 이를 기업 평가에 반영하고 있음
- 아시아에서도 일본과 홍콩이 공시 의무를 확대하고 있으며, 한국 역시 2020년 자본시장법 개정으로 자산 규모 2조원 이상 상장사에 여성 이사 선임을 의무화했음

● 트럼프 집권 이후의 국제 환경 변화

▶ 미국에서는 파리협정 및 SDGs 이행과 관련한 연방 차원의 소극적 태도와 ESG 관련 규제 후퇴가 관찰됨

▶ 그러나 글로벌 투자자와 다국적 기업 차원에서는 성별 다양성을 포함한 ESG 목표 이

행이 지속되고 있음

▶ 미국 내 일부 주(州)정부, 대형 연기금, 글로벌 금융기관이 독자적으로 성별 다양성 강화 정책을 지속적으로 추진 중임

▶ 이러한 흐름은 투자자와 규제기관을 중심으로 한 DEI 요구가 지정학적 환경 변화에도 불구하고 중장기적 경영 가치로 유지되고 있음을 시사함

● 성별 다양성의 전략적 가치

▶ 성별 다양성은 사회적 통합과 같은 경제 외적 목적뿐 아니라, 조직 혁신, 의사결정 품질, 위험관리 역량 등 경쟁력 강화에 기여한다는 실증 연구가 다수 존재함

▶ 우선, 포용적 리더십과 성평등 정책은 우수 인재의 유치 및 유지에 기여하며, 글로벌 공급망 및 투자 유치 경쟁에서 중요한 신뢰 요소로 작용함

▶ 또한, 성별 다양성이 높은 기업은 소비자, 거래기업, 직원 등 이해관계자로부터 긍정적 평가를 받을 가능성이 높으며, 궁극적으로 주주가치 제고에 기여함

3. 한국의 현주소: 기회와 도전과제

● 여성 노동시장 참여의 양적 성장과 구조적 한계

▶ 지난 20년간 한국 여성의 경제활동 참가율과 고용률은 지속적인 상승세를 보였으나 남성과의 격차는 선진국 대비 여전히 높은 수준임

▶ 〈그림 1〉과 〈그림 2〉는 이러한 양적 성장에도 불구하고 여전히 존재하는 성별 격차의 추이를 보여줌

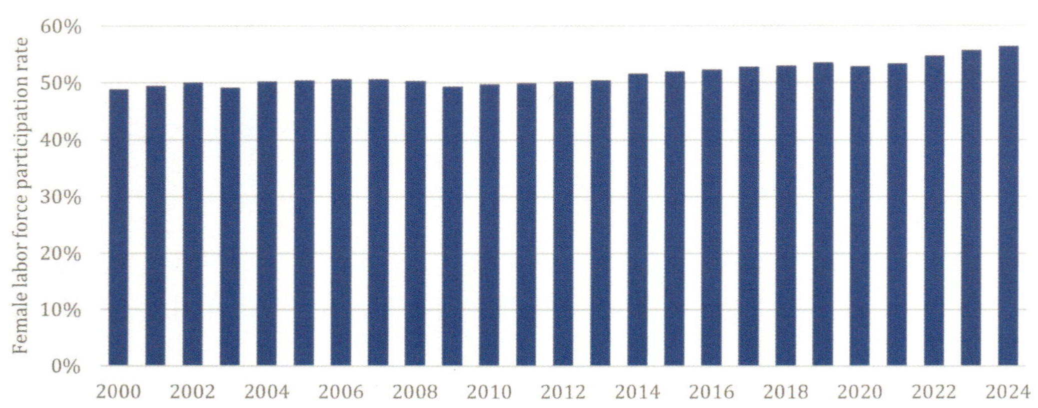

〈그림 1〉 2000～2024년 여성 경제활동참가율 추이

출처: 통계청 국가통계포털(KOSIS); 여성가족부 (Ministry of Gender Equality and Family)

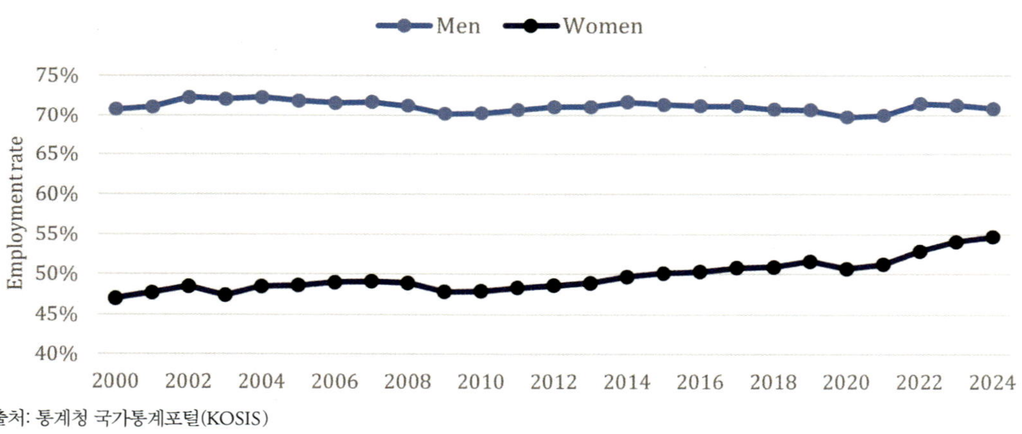

〈그림 2〉 2000～2024년 성별 고용률 추이

출처: 통계청 국가통계포털(KOSIS)

▶ 이러한 격차는 고등교육 이수자에서도 유사하게 나타남

▶ 〈그림 3〉에서 보듯, 4년제 대학교 졸업자의 고용률 역시 남성이 여성을 지속적으로 상회하고 있으며, 이는 교육 수준과 관계없이 여성의 노동시장 진입 과정에서 구조적 장벽이 존재할 가능성을 시사함.

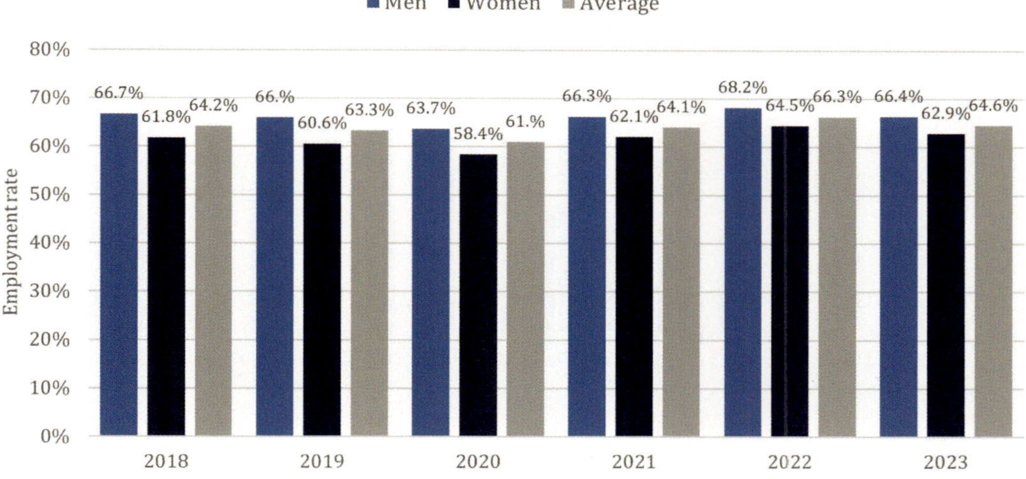

〈그림 3〉 2018년~2023년 4년제 대학교 졸업자 성별 고용률

출처: 한국교육개발원

● 고질적인 경력단절과 임금 격차

▶ 여성의 경력단절 문제는 한국 노동시장의 지속적인 과제로 남아 있음

▶ 〈그림 4〉는 출산 및 육아의 영향을 30대 중후반 여성의 고용률이 급격히 하락하는 전형적 'M자형 곡선'을 보여줌

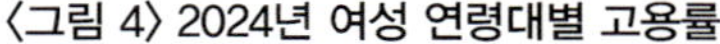

〈그림 4〉 2024년 여성 연령대별 고용률

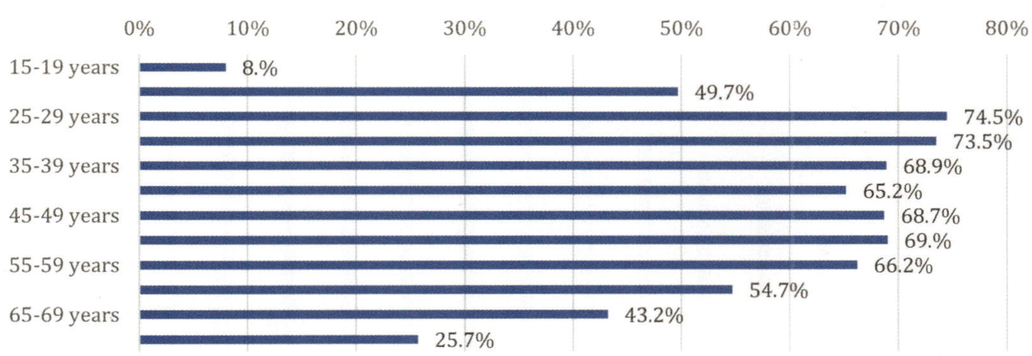

출처: 통계청 국가통계포털 (KOSIS)

▶ 한편 국가별 차이를 보면, 한국의 성별 임금 격차는 약 30% 수준으로 OECD 국가 중 가장 높은 수준임. 〈그림 5〉는 이러한 격차가 장기간 지속되고 있음을 나타냄

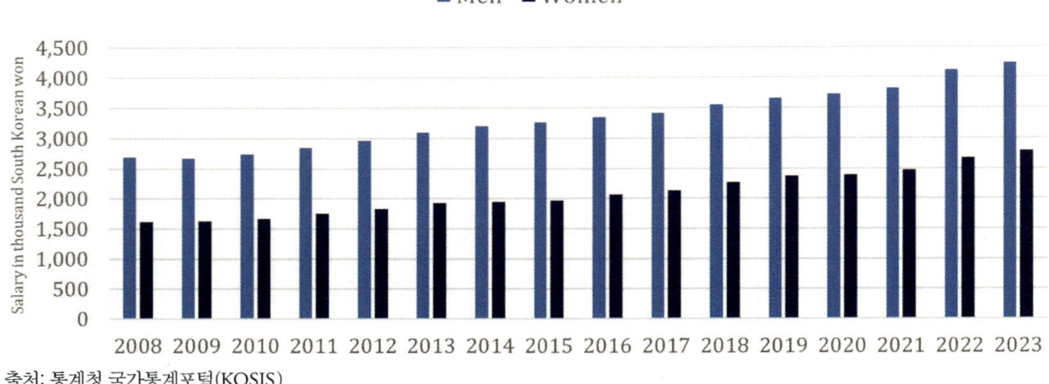

출처: 통계청 국가통계포털(KOSIS)

- 일 · 가정 양립 문화의 변화 가능성

  ▶ 한편 긍정적인 변화 조짐도 관찰됨. 〈그림 6〉은 2020년 이후 남성 육아휴직 이용자 수가 빠르게 증가하는 추세를 보여주며, 이는 성평등한 돌봄 문화 확산 가능성을 시사함

  ▶ 그러나 이러한 제도적 변화가 여성의 경력 유지와 성별 격차 완화로 이어지기 위해서는 정책적 지원과 함께 기업 문화의 추가적 개선이 필요함

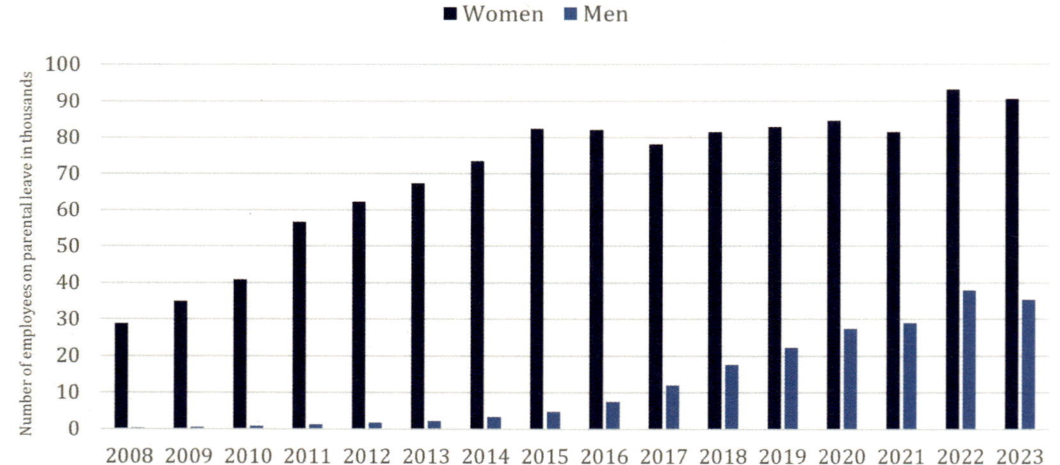

출처: 한국고용정보원(KEIS); 여성가족부

4. DEI의 개념과 특징

[DEI(Diversity, Equity and Inclusion)의 정의]

○ 다양성: 사람 간 관계와 상호작용에 영향을 미치는 실재하거나 인식된 차이, 인구학적 다양성뿐 아니라 모든 측면을 포괄함

○ 형평성: 사회 구성원이 동일한 출발점에서 시작하지 않는다는 인식을 바탕으로, 모든 구성원이 성공할 기회를 가질 수 있도록 체계적 변화를 지향하는 공정성과 공평성을 의미함

○ 포용성: 구성원이 존중 · 지원받고 가치 있다고 느낄 수 있는 환경을 적극적으로 조성하는 것으로, 행동과 감정을 포함하는 개념임. 이러한 실천과 결과는 포용성 실현의 핵심 요소임

출처: 엘라 F. 워싱턴, 「다정한 조직이 살아남는다」

- DEI 구성 요소

  - 다양성(Diversity)의 개념적 틀

    - 다양성은 조직 내 구성원이 가진 인구학적 · 사회적 차이를 인정하고 존중하는 것으로, 성별, 연령, 인종, 종교, 성적 지향, 장애 여부 등 다양한 특성을 포괄하는 개념임

    - 가시적 다양성과 비가시적 다양성을 함께 고려해 집단 내 이질성을 높이고 조직 역량 강화를 추구하며, 단순한 수적 대표성을 넘어 실질적 다양성 구현을 지향함

  - 형평성(Equity)의 차별적 접근

    - 형평성은 개인의 출발점과 환경적 차이를 고려해 공정한 기회를 제공하는 것으로, 평등(Equality)과 구별되는 개념이며 차별적 지원을 정당화함

    - 구조적 불평등 해소를 위한 적극적 조치를 포함하며, 결과의 균등보다 과정의 공정성을 중시해 개인별 맞춤형 지원을 통해 실질적 기회 균등을 추구함

  - 포용성(Inclusion)의 실질적 참여

    - 포용성은 다양한 구성원이 조직에 소속감을 느끼고 실질적 참여가 가능한 환경을 조성하는 것으로, 단순한 수적 다양성을 넘어 참여와 발언권을 보장함

    - 조직 내에서 구성원의 가치를 인정 · 활용하고, 심리적 안전감(psychological safety)과 귀속감 제고를 통해 조직 몰입도를 높여 구성원의 역량 발휘를 지원함.

  - 다양성, 형평성, 포용성(DEI)의 상호 보완적 관계

    - 다양성 확보에서 형평성 실현, 포용적 문화 구축으로 이어지는 단계적 발전 과정은

세 요소 간 유기적 연계를 통해 시너지 효과를 창출함

- 개별 요소만으로는 조직 변화에 한계가 있으므로, 지속가능한 조직문화 혁신을 위해 종합적 접근이 필요함

● 역사적 발전 과정

▶ 초기 다양성 운동(1960년대)

- 미국 민권운동(Civil Rights Movement)과 1964년 민권법 제정으로 직장 내 차별 금지 요구가 확대되면서, 법적 강제를 기반으로 한 초기 다양성 정책이 도입됨

- 초기 다양성 정책은 적극적 우대조치(Affirmative Action) 중심으로 수적 목표 달성에 초점을 두었으며, 법적 준수 형태로 인종 · 성별 다양성에 제한적으로 시행됨

▶ 다양성 관리의 확산(1980년대~1990년대)

- 허드슨 연구소의 「Workforce 2000」(1987) 보고서는 미래 노동력의 대다수가 여성, 소수 인종, 이민자로 구성될 것이라 예측함. 이러한 전망은 다양성을 법적 의무가 아닌 경쟁우위 확보를 위한 경영 전략으로 인식하는 계기가 됨

- Fortune 500 기업을 중심으로 다양성 프로그램 도입이 확산되고, 다양성 담당 임원(Chief Diversity Officer) 직책 신설, 교육 · 멘토링 제도 구축, 공급업체 다양성 프로그램 등 내 · 외부 활동이 확산됨

▶ 포용성(Inclusion) 개념의 등장(2000년대)

- 수적 다양성 증가에도 불구하고 조직 내 갈등과 '토크니즘(tokenism)'으로 인한 한계가 드러나, 실질적 참여 부족 문제가 대두됨

- 이에 따라 단순 대표성에서 구성원의 실질적 참여로 초점이 이동하며, 조직 문화 및 시스템의 변화가 요구됨. 또한 모든 구성원이 잠재력을 발휘할 수 있는 환경 조성과 함께 심리적 안전감 개념이 도입됨

▶ 형평성(Equity) 강조 시기(2010년대 이후)

- #MeToo, BLM, COVID-19 등 사회적 이슈를 계기로 불평등 문제에 대한 관심이 확대됨

- 평등은 동일 기회 제공에 초점을 두는 반면, 형평성은 개인의 상황과 제약을 고려한 장벽 해소를 목표로 함

- 채용 요건 완화, 임금격차 분석·시정 등 구조적 불평등 해소를 위한 차별화된 지원이 강조됨

  ▶ 최근 양상

  - DEI가 미국에서 유럽·아시아로 확산되며 국가별 제도·문화에 적합한 전략이 개발됨

  - 글로벌 기업은 표준화된 DEI 정책을 추진하나, 지역별 법·제도·사회적 기대 차이로 맞춤형 전략이 요구됨

- 한국의 성별 다양성 관련 주요 정책 및 제도

  ▶ 적극적 고용개선 조치(Affirmative Action)

  - 2006년 남녀고용평등법 개정으로 공공기관 및 일정 규모 기업에 여성 고용목표 설정·달성 의무가 부과됨

  - 여성 고용·관리자 비율을 매년 보고하며, 미달성 시 시정 권고 및 공표를 통해 남성 중심 고용 구조 개선을 유도함

  - 채용·승진 확대를 통해 성별 격차 완화에 기여하나, 실효성 제고를 위한 제도 개선 필요성은 지속적으로 제기되고 있음

  ▶ 이사회 다양성 관련 제도

  - 2020년 자본시장법 개정을 통해 2022년부터 자산총액 2조 원 이상 상장사는 여성 이사 최소 1인 선임이 의무화됨

  - 제도 시행 이후 여성 이사 비율이 증가했으나 글로벌 평균 대비 낮은 수준으로 추가 보완이 요구됨

  ▶ 육아휴직 관련 제도

  - 남녀고용평등법 및 고용보험법을 기반으로 만 8세(또는 초등학교 2학년) 이하 자녀 당 최대 1년의 육아휴직을 보장하며, 최초 3개월 80%(상한 150만 원), 이후 50%(상한 120만 원)을 지급하며 남녀 모두 사용 가능함

  - 또한 "아빠 육아휴직 보너스제" 등 인센티브를 운영하고, 사업보고서에 남녀별 육아휴직 사용 인원·사용률·복귀율·1년 이상 근속률 공시를 의무화하여(2020년부터), ESG 사회(S) 부문 평가에서 다양성과 포용성 지표로 활용됨

▶ 직장 내 성희롱 · 성차별 금지 및 개선 제도

- 2018~2019년 법 개정 이후 강화된 제도로, 성희롱 발생 시 사용자 신고 의무 및 피해자 불이익 금지 조치를 통해 안전하고 포용적인 근무 환경을 조성함
- 차별적 대우 발생 시 노동위원회에 시정 신청이 가능하도록 하여 성평등 조직 문화 조성에 기여함

▶ 기타 다양성 · 포용성 관련 제도 지원

- 육아기 근로시간 단축제를 통해 육아휴직의 대안으로 주당 근로시간 단축을 가능하게 하고, 유연근무제 지원사업을 통해 시차 출퇴근제, 재택근무, 선택근무제 등 근로시간과 근무방식의 유연성을 확대함
- 2008년 도입된 가족친화인증제도를 통해 제도 운영 우수 기업을 인증해 인센티브를 제공하여 일 · 생활 균형 및 조직 포용성 확산을 지원함

II

선행연구 검토

1. 성별 다양성과 기업 성과에 대한 이론 연구

1.1 다양성은 어떻게 기업 가치를 높이는가?

- 의사결정의 질 향상을 통한 조직 역량 강화
  - ▶ 다양한 배경과 경험을 가진 구성원들이 의사 결정에 참여할 경우 다각도의 정보와 관점이 유입되어 집단지성 효과가 강화됨. 이는 복잡한 경영 환경에서 보다 정교하고 종합적인 의사결정을 가능하게 함
  - ▶ 특히 여성 리더십이 포함된 의사결정 구조는 위험 관리 측면에서 보다 신중하고 균형 잡힌 접근을 보이는 것으로 연구 결과 확인되고 있어, 장기적 성과 향상에 기여하는 것으로 나타남
- 혁신 및 문제 해결 능력 강화
  - ▶ 동질적 집단에서 발생할 수 있는 집단사고(groupthink)의 함정을 탈피하여 창의적인 아이디어 창출이 촉진되며, 기존의 관습적 사고에서 벗어난 새로운 해결책 모색이 가능해짐
  - ▶ 다양한 인적 구성은 서로 다른 전문성과 경험을 바탕으로 한 지식의 융합을 통해 혁신적 성과 창출의 원동력이 되며, 외부 환경 변화에 대한 조직의 대응 능력과 적응력을 향상시킴
- 인재 확보 및 유지를 통한 인적자원 경쟁력 확보
  - ▶ 성별 다양성이 높은 조직은 우수 여성 인력 확보에서 경쟁우위를 가지며, 인재 풀의 확대는 조직 전체의 역량 강화로 이어짐
  - ▶ 포용적 조직문화는 구성원들의 조직 몰입도와 직무 만족도를 제고하여 이직률 감소 및 생산성 향상 효과를 가져옴. 이는 인적자원 관리 비용 절감과 조직 안정성 확보로 이어짐
- 기업 평판 및 자본시장 평가 개선
  - ▶ 다양성과 포용성(DEI)을 실천하는 기업은 사회적 책임을 다하는 기업으로 인식되어 이해관계자로부터 높은 신뢰를 얻게 되며, 이는 무형자산 가치 제고로 연결됨
  - ▶ ESG 경영이 중시되는 현재의 경영 환경에서 다양성과 포용성은 투자자의 투자 결정에

중요한 판단 기준이 되고 있어, 자본 조달 비용 절감 및 기업가치 제고에 긍정적으로 작용함

- 〈표 1〉은 Gaio et al.(2024)의 분석을 바탕으로 성별 다양성과 기업성과 연구에서 이용 빈도가 높은 상위 10개 이론을 정리한 것임

- 이 중에서 자주 인용되는 상위 5개 이론에 대해서는 이후 절에서 구체적으로 논의함

1.2 관련 이론 검토

- 대리인 이론(agency theory)

  ▶ 대리인 이론에 따르면, 성별 다양성은 주주(주인)와 경영진(대리인) 간 이해 상충에서 비롯되는 대리인 문제(agency problem)를 완화하고 의사결정의 질을 개선하는 데 기여함

  ▶ 여성 리더의 협력적 리더십 스타일과 신중한 의사결정 성향은 대리인의 기회주의적 행동이나 과도한 위험 추구를 억제하여 대리인 비용(agency cost)을 감소시키는 것으로 해석됨

  ▶ 다만 이러한 효과가 발현되기 위해서는 여성 구성원이 의사결정 과정에서 직면하는 추가적 장벽이 해소되고, 포용적이고 공정한 조직 환경을 조성하는 것이 전제되어야 함

- 자원 의존 이론(resource dependence theory)

  ▶ 자원 의존 이론은 새로운 자원 확보 및 외부 관계망 확장 가능성에 초점을 둠

  ▶ 기업의 생존과 성장에 필수적인 외부 자원(자금, 정보, 인재) 확보 능력은 기업성과에 결정적인 영향을 미침

  ▶ 성별 다양성이 높은 경영진은 다양한 인적 네트워크를 기반으로 새로운 공급업체, 고객, 사업 파트너와의 관계를 형성하여 혁신적 아이디어나 자금을 확보할 기회를 확장함

  ▶ 이러한 효과는 특정 자원이나 관계에 대한 과도한 의존도를 낮추고, 자금 조달원을 다각화함으로써 기업의 위기 대응 능력 및 회복력(resilience)를 높이는 데 기여하는 것으로 해석됨

〈표 1〉 성별 다양성과 기업성과 관련 주요 이론 현황

주요 이론	관련 논문	성별 다양성 관련 내용
대리인 이론 (agency theory)	Jensen and Meckling (1976)	· 이해관계 충돌 완화 방안 · 주체–대리인 간 이해관계 충돌 발생 가능 · 다양한 구성원이 참여한 의사결정으로 충돌 완화 · 리더십 내 성별 다양성을 통한 의사결정 품질 향상
자원 의존 이론 (resource dependence theory)	Pfeffer and Salancik (1978)	· 성별 다양성의 효과 · 조직의 외부 자원 의존을 통한 생존 전략 · 성별 다양성을 통한 새로운 자원 접근 기회 확대 · 기업성과 향상에 기여
임계점 이론 (critical mass theory)	Schelling (1971)	· 여성 리더십 효과 · 다양성 효과 달성을 위한 여성 리더 임계 수준 필요 · 혁신(Innovation) 촉진 효과 · 기업성과 개선 기여
최고 경영진 이론 (upper echelons theory)	Hambrick and Mason (1984)	· 최고경영진 특성의 영향 · 최고경영진 특성이 기업성과에 직접적 영향 · 성별 다양성을 통한 새로운 관점 및 경험 도입 · 의사결정 개선을 통한 기업성과 향상
이해관계자 이론 (stakeholder theory)	Freeman (1984)	· 이해관계자 고려의 중요성 · 직원 및 사회 등 모든 이해관계자 고려 필요 · 리더십 내 성별 다양성으로 이해관계자 관계 개선 · 혁신 및 사회적 책임 강화를 통한 성과 향상
인적 자본 이론 (human capital theory)	Becker (1964)	· 인적자본 강화 방안 · 교육 및 훈련을 통한 인적자본 향상이 핵심 원리 · 성별 다양성을 통한 인재 풀 및 관점의 확장 · 기업성과 개선에 추가적 기여
사회적 정체성 이론 (social identity theory)	Tajfel and Turner (1986)	· 집단 구성원 자격이 개인의 정체성에 영향 · 성별 다양성을 통한 조직 동일시 증진 · 직원 유지율, 직무 만족도 향상으로 기업성과 강화
토큰주의 이론 (tokenism theory)	Kanter (1977)	· 토큰화 현상 발생 시 성별 다양성 효과 제한 · 여성 리더십 비율 증가를 통한 토큰화 현상 방지 · 여성 리더 수 확대를 통한 기업성과 개선 달성
제도 이론 (institutional theory)	Meyer and Rowan (1977) DiMaggio and Powell (1983)	· 조직의 사회적 적합성 · 조직이 사회적 규범 및 기대에 부합하려는 경향 · 성별 다양성을 통한 사회적 기대 충족 및 평판 향상 · 조직 정당성 강화를 통한 기업성과 개선
사회적 역할 이론 (social role theory)	Eagly (1987)	· 성별 고정관념 극복 효과 · 리더십 내 성별 다양성을 통한 성별 고정관념 도전 · 다양한 역할 모델 대표성 증대

출처: Gaio et al.(2024)

- 임계점 이론(Critical Mass Theory)

  ▶ 임계점 이론에 따르면, 소수 여성이 참여하는 것만으로는 조직 내에서 의미 있는 변화를 도출하기 어려우며, 여성 리더가 일정 비율 이상 참여하는 임계점(critical mass)에 도달해야 실질적인 영향력 발휘가 가능함

  ▶ 임계점에 도달한 여성 리더 그룹은 성평등 관련 정책에 보다 적극적으로 의견을 제시하고, 조직 내 다른 여성에게 긍정적 롤모델로 작용하여 연쇄적인 변화를 촉진하는 것으로 해석됨

- 최고경영진 이론(upper echelons theory)

  ▶ 최고경영진 이론은 여성 리더를 포함한 다양한 리더 특성이 의사결정의 질을 높일 가능성에 주목함

  ▶ 기업의 주요 전략과 성과는 최고경영진이 가진 고유한 경험, 가치관, 특성에 의해 결정되는 경향이 있음

  ▶ 남성과는 다른 경험과 관점을 가진 여성 리더의 참여는 조직이 직면한 복잡한 문제에 대해 보다 넓고 창의적인 해결책을 모색할 수 있도록 기여함

  ▶ 이처럼 성별 다양성이 확보된 리더십 구조는 균형 잡힌 정보에 기반한 의사결정을 가능하게 하여, 효과적인 경영 관리와 지속적인 시장 경쟁력 확보에 기여하는 것으로 해석됨

- 이해관계자 이론(stakeholder theory)

  ▶ 기업의 지속 가능한 성장을 위해 주주뿐만 아니라 직원, 고객, 투자자, 지역 사회 등 모든 이해관계자의 이익과 기대를 고려할 필요가 있음

  ▶ 리더십의 성별 다양성은 기업이 사회적 책임을 이행하고 있다는 신호로 작용하며, 다양한 인재 유치와 긍정적 기업 평판 형성에 기여함

  ▶ 특히 ESG 경영이 중시되면서 성별 다양성은 투자자의 주요 평가 기준으로 활용되고 있으며, 이는 기업이 이해관계자의 신뢰를 확보하고 장기적 가치를 창출하는 데 중요한 요인으로 작용함

2. 해외 실증 연구

- 이사회 성별 다양성이 기업성과에 미치는 영향을 실증적으로 분석한 해외 연구들은 일관된 결론에 도달하지 못하고 있으며, 특히 의무 할당제 도입의 효과에 대해서는 상반된 결과가 혼재하고 있음

2.1 긍정적 효과에 주목한 연구

- Adams & Ferreira(2009)는 여성 이사의 존재가 이사회 운영에 미치는 영향을 분석하였음

- 연구 결과, 여성 이사 비율이 높을수록 이사회 출석률과 CEO 성과-보수 민감도가 높아지는 등 경영진에 대한 모니터링이 강화되는 경향을 확인하였음

- 다만 이러한 효과는 기업의 지배구조 수준에 따라 달라지며, 이미 모니터링이 강한 기업에서는 오히려 성과(Tobin's Q)가 하락할 가능성이 있음을 제시함으로써 조건부 효과를 강조하였음

2.2 의무 할당제의 부정적 효과를 보고한 연구

- 노르웨이 사례의 초기 분석

  ▶ 여성이사 할당제를 도입한 노르웨이 사례를 분석한 초기 연구들은 주로 부정적 영향을 보고하였음

  ▶ 예컨대, Ahern & Dittmar(2012)는 노르웨이의 40% 여성 이사 할당제 도입 이후 이사들의 평균 경력과 재무 경험이 감소하였으며, 기업가치(Tobin's Q)가 약 18% 하락한 것으로 분석하였음. 이는 준비가 충분하지 않은 상황에서 급진적인 제도를 도입할 경우 인재 풀 부족으로 인해 단기적 성과 하락이 발생할 가능성을 시사함

  ▶ Matsa & Miller(2013) 역시 노르웨이의 할당제 도입 이후 기업의 수익성(ROA)이 단기적으로 하락하고 노동비용이 증가하는 등 부정적 효과를 확인하였음

- 미국 캘리포니아 사례

  ▶ Greene et al.(2020)은 캘리포니아의 여성 이사 의무제 도입 발표 직후 해당 기업들의

주가가 단기적으로 하락하였음을 제시하며, 시장이 규제를 부정적으로 평가한 것으로
해석하였음

2.3 의무 할당제의 미미한 효과에 초점을 맞춘 연구

- 기존 부정적 효과를 재검증하거나 비판적으로 검토한 일부 연구들은 다른 결론을 제시하
  였음

- 노르웨이 사례의 재분석: Eckbo et al.(2022)

  ▶ Eckbo et al.(2022)는 Ahern & Dittmar(2012)의 결과를 재검증한 결과, 노르웨이 할당
    제 도입 전후로 기업의 주가나 Tobin's Q에서 통계적으로 유의한 변화가 없었다고 반
    박하였음

  ▶ 이를 바탕으로 여성 이사 확대가 기업가치에 긍정적 또는 부정적 영향을 미쳤다는 증
    거가 모두 희박하다고 결론 내렸음

- 미국 나스닥 규제 관련 비판적 검토: Fried(2021)

  ▶ Fried(2021)는 미국 나스닥 이사회 다양성 규제와 관련된 문헌을 검토한 결과, 다양성
    이 기업가치를 높인다는 실증적 근거가 부족하며 일부 연구에서는 오히려 성과 저하와
    의 연관성이 나타난다고 주장하였음

<표 2> 성별 다양성과 기업성과 관련 해외 선행연구

저자(연도)	국가/지역	기간	분석 방법	주요 결과
Adams & Ferreira (2009)	미국	1996~2003	패널회귀	여성 이사↑ → 모니터링↑, 일부 기업가치↓
Ahern & Dittmar (2012)	노르웨이	1999~2009	DID, 이벤트	여성 이사↑ → Tobin's Q↓, 인건비↑
Eckbo et al. (2022)	노르웨이	1998~2010	이벤트, DID	기업가치 변화 유의하지 않음
Fried (2021)	미국 (나스닥)	–	문헌 연구	실증근거 약함, 일부 부정효과
Greene et al. (2020)	미국 (캘리포니아)	2018~2019	이벤트	CAR 약 −1.5%, 단기 부정적 반응
Matsa & Miller (2013)	노르웨이, 북유럽	2000~2009	DID	해고↓, 고용↑, ROA↓

*DID: 이중차분 분석(Difference-in-Difference)

3. 국내 실증 연구

3.1 이사회 및 고위직의 성별 다양성과 재무성과

- 이사회를 중심으로 한 여성 리더십이 기업의 재무성과에 미치는 영향을 분석한 일부 국내 연구가 존재하나, 그 결과는 일관되지 않음

- 성효용(2020)은 여성 이사 비율과 재무성과 간에 통계적으로 유의한 상관관계를 확인하지 못하였음

- Cho et al.(2021)은 여성 관련 펀드에 포함된 기업과 그렇지 않은 유사 기업을 비교한 결과, 이사회 또는 고위직에서 여성 비율이 높은 기업이 재무성과(ROA, ROE)가 더 우수한 것으로 나타났음. 다만 이 연구는 여성 펀드 편입 여부를 기준으로 두 집단을 단순 비교한 분석이므로, 결과 해석 시 주의가 필요함

3.2 양적 확대를 넘어 질적 · 형평성 측면에 주목한 연구

- 단순히 여성 인력의 수적 증가보다 조직 내 지위와 대우의 실질적 개선이 중요하다고 분석한 연구들도 제시되고 있음

- 지방 공기업 분석

    ▶ An & Lee(2022)는 지방 공기업을 대상으로 분석한 결과, 전체 여성 비율(variety)은 성과에 유의한 영향을 미치지 않지만, 고위직 여성 비율이 증가하여 직급 간 불균형 (disparity)이 완화될 때 공기업 경영평가 점수로 측정된 조직 성과가 향상된다고 보고하였음

    ▶ 이는 다양성의 양보다 질적 구성의 중요성이 더 크다는 점을 시사함

- 기업가치와 다양성 · 형평성 요인

    ▶ 최낙현(2024)은 직원 성비가 균형적인 '젠더 다양성'과 성별 임금격차가 적은 '젠더 형평성'이 각각 독립적으로 기업가치(Tobin's Q)에 긍정적 영향을 미친다는 사실을 실증하였음

3.3 제도적 지원의 중요성을 분석한 연구

- 성별 다양성의 긍정적 효과가 발현되기 위해서는 이를 뒷받침하는 제도적 환경이 필수적 이라는 점을 강조한 연구도 존재함

- Bae & Skaggs(2019)는 경영진의 성별 다양성과 노동생산성 간 비선형 관계가 존재함을 확인하였으며, 특히 육아휴직이나 보육지원 등 가족친화적 제도가 잘 마련된 기업일수록 다양성의 긍정적 효과가 더욱 강화된다는 점을 제시하였음

- 이는 포용적 제도와 조직 문화가 다양성 정책의 효과를 극대화하는 핵심 요인임을 보여주 는 사례임

4. 기존 연구의 한계 및 본 연구의 기여점

4.1 선행연구의 한계점

- 혼재된 연구결과와 단기적 관점의 한계
  - ▶ 기존 연구들은 성별 다양성과 기업성과 간 관계에 대해 혼재된 결과를 제시하고 있음
  - ▶ 특히 여성 이사 의무할당제를 분석한 해외 연구에서는 규제 도입 이후 재무성과 또는 주가가 하락하는 등 부정적 혹은 유의미하지 않은 결과가 다수 보고되었음
  - ▶ 국내 연구에서도 성별 다양성이 조직 성과에 긍정적 영향을 미친다는 결과가 존재하 나, 여성 이사 비율과 재무성과 간 관계는 일관된 결론이 도출되지 않았음
  - ▶ 또한 상당수 연구는 정책 도입 직후 단기적 성과에 초점을 맞추어 다양성 확보를 위한 투자가 장기적으로 조직 역량을 강화하는 효과를 충분히 반영하지 못하였을 가능성이 있음

- '토큰주의(tokenism)'를 넘어선 질적 분석의 부족
  - ▶ 선행연구의 또 다른 한계는 성별 다양성을 여성 이사 비율과 같은 단순 수적 지표로 측 정했다는 점임. 이러한 접근은 '토큰주의(tokenism)' 현상을 간과할 위험이 있음
  - ▶ 토큰주의는 조직이 형식적 구색을 갖추기 위해 소수 집단 구성원을 임명하였으나 실질 적 권한을 부여하지 않는 상황을 의미함. 이 경우 여성 이사의 실질적 영향력이 제한되

어 다양성의 긍정적 효과가 발현되기 어려움

▶ 또한 다수 연구는 여성 이사 1명의 존재가 실질적 권한을 가진 여성 CEO 1명과 동일한 영향력을 갖는다고 가정하였으며, 이로 인해 여성 리더십의 질적 측면을 충분히 반영하지 못했음

4.2 본 연구의 기여점

● 포괄적 데이터 기반의 세분화된 분석

▶ 성별 다양성의 질적 측면을 심층적으로 분석하기 위해, 여성 이사 비율과 더불어 여성 CEO 존재 여부, 미등기 임원 중 여성 비율 등 여성 리더십을 나타내는 복수의 지표를 독립변수로 활용하였음

▶ 또한 ㈜서스틴베스트의 데이터를 기반으로 상위 평가지표(KPI)인 '고용평등 및 다양성' 지수뿐만 아니라, 세부 평가지표(Data Point)에 해당하는 고용다양성 증진 프로그램, 여성 직원 비율, 장애인 고용 현황, 일·생활 균형 프로그램, 가족친화경영 등 다양한 DEI 관련 지표를 분석 대상으로 포함하였음. 이를 통해 단순한 다양성 도입 여부를 넘어 프로그램 수준의 효과를 다각도로 검토하였음

● 최신 시계열 자료와 엄밀한 방법론 활용

▶ 2018년부터 2024년까지의 코스피 상장기업 패널 데이터를 활용하여 최근 경영 환경과 정책 변화를 반영한 분석을 수행하였음

▶ 독립변수를 과거 시차 값(t-2기)으로 설정하여 다양성 도입 이후 성과가 나타나는 시간적 지연 가능성을 고려하였으며, 이를 통해 내생성 문제를 일부 완화하고자 하였음

● 이질성 분석을 통한 차별화된 시사점 도출

▶ 산업 집단(금융 vs 비금융, 제조업 vs 서비스업) 및 기업 규모(대기업·중견기업·중소기업)별로 표본을 세분화하여 다양성 효과의 집단별 차이를 분석하였음. 이를 통해 산업 및 규모 특성이 DEI 효과에 미치는 영향을 규명하고 차별화된 시사점을 도출하였음

● 비선형성 검토 및 통계적 견고성 확보

▶ 다양성 및 프로그램 지표를 3분위로 구간화하여 분위별 수준 차이에 따른 비선형 관계

를 검토하였음

▶ 또한 이중 고정효과(two-way fixed effect) 모형과 기업 수준으로 군집화된 표준오차를 적용하여 분석의 통계적 견고성을 확보하였음

III

데이터 및 방법론

1. 데이터

1.1 ESG 지표 데이터

- ESG 지표 데이터 개요
  - ▶ 본 연구에서는 ESG 평가기관인 ㈜서스틴베스트가 구축한 기업별 ESG 평가 지표를 활용하였음
  - ▶ 전체 ESG 점수는 환경(E), 사회(S), 지배구조(G) 부문별 점수를 가중 합산해 0~100점 스케일로 산정하였음
  - ▶ 부문별 점수(E, S, G)는 세부 평가항목의 점수를 가중 합산하여 산출되며, 국내 상장기업의 연도별 변화 추세 및 산업별 비교가 가능함
  - ▶ 또한 장기 시계열 형태로 구축되어 패널 분석 및 종단 연구에 활용할 수 있음
- 고용평등 및 다양성 관련 지표 현황
  - ▶ 사회(S) 부문의 평가 항목 중 하나로서 고용평등과 다양성 증진을 위한 기업의 노력, 사회적 약자 고용 현황 등을 평가함
  - ▶ 다양성(Diversity): 이사회 및 전체 직원 내 여성 비율 등
  - ▶ 형평성(Equity): 성별 임금격차, 승진·채용의 균형성, 동일가치 노동 동일 임금 준수 여부 등
  - ▶ 포용성(Inclusion): 여성 리더십 개발 프로그램, 유연 근무제, 육아휴직 제도 운영 현황 등
- 지표 산출 방식 및 데이터 출처
  - ▶ DEI 지표는 비율형(%) 및 지수형 데이터로 구성되며, 금융감독원 전자공시시스템(DART) 자료, 기업 홈페이지 정보, 고용노동부 공시자료 등을 활용하여 산출됨
  - ▶ 지표는 UN SDGs, GRI 405(Diversity and Equal Opportunity) 등 국제 기준과의 정합성을 확보하고 있으며, 업종·기업규모 간 비교가 가능하도록 표준화된 형태로 제공됨

1.2 재무 정보 데이터

- 재무 정보 데이터는 기업의 재무정보 제공기관인 Value Search에서 제공하는 주요 재무 지

표를 활용하였음

- 재무 지표와 ESG 지표를 결합하여 기업성과를 다차원적으로 분석할 수 있음

- Value Search 데이터는 기업의 장기 재무변화를 추적할 수 있어 패널 분석에 적합함

2. 방법론

2.1 연구 문제

- 본 연구는 기업의 DEI 수준이 재무성과에 미치는 영향을 다각적으로 분석하는 것을 목적으로 하였음. 이를 위해 다음과 같은 핵심 연구 문제를 설정하였음

> "기업의 DEI 수준은 재무성과(기업가치 및 회계적 수익성)에
> 어떠한 영향을 미치는가?"

- 이러한 포괄적인 질문에 답하기 위해, 본 연구는 DEI를 (1) DEI 관련 제도 · 프로그램, (2) 여성 리더십의 두 차원으로 구분하여 각각의 효과를 분석하였음

- 본 연구의 구체적인 분석 목적은 다음과 같음

  ▶ 첫째, 한국의 코스피 상장기업을 대상으로 DEI 관련 지표와 기업의 재무성과(기업의 시장가치를 나타내는 Tobin's Q, 회계적 수익성을 나타내는 ROE) 간 관계를 실증적으로 검증하였음

  ▶ 둘째, DEI의 효과가 모든 기업에서 동일하게 나타나지 않을 것이라는 점에 착안하여, 산업 특성(금융업 vs 비금융업, 제조업 vs 서비스업) 및 기업 규모(대기업 · 중견기업 · 중소기업)에 따른 이질적 효과를 분석하였음

  ▶ 셋째, 실증분석 결과를 바탕으로 기업의 DEI 전략 수립, 투자자의 ESG 투자 의사결정, 정부의 관련 정책 설계에 기여할 수 있는 시사점을 도출하는 것을 궁극적 목표로 하였음

2.2 자료 구성 및 변수의 정의

(1) 데이터 구성 및 출처

- 표본: 코스피(KOSPI) 상장 기업

- 기간: 2018년~2024년

- 데이터 구조

  ▶ 기업-연도 형태의 불균형 패널(unbalanced panel) 구조를 구축하여 분석을 수행하였음

  ▶ 불균형 패널은 분석 기간 중 신규 상장 또는 상장 폐지 기업을 자연스럽게 포함할 수 있어 표본 선택 편의(sample selection bias)를 완화하는 장점이 있음

- ESG 자료 출처 및 변수 구성

  ▶ ESG 자료는 국내 대표적인 ESG 평가기관인 ㈜서스틴베스트의 ESG 평가 데이터를 활용하였음

  ▶ 특히 사회(S) 부문 내 평가지표(KPI) 중 하나인 '고용평등 및 다양성' 지수 및 하위 평가지표인 데이터 포인트(Data Point, DP)들을 주요 독립변수로 사용하였음

  ▶ 여성 CEO 존재 여부, 미등기 여성임원 비율 등 여성 리더십 관련 변수는 Value Search 자료를 활용하여 보완하였음

- 재무자료 및 기업 정보 출처

  ▶ 기업 재무자료와 일반 기업 정보는 재무데이터 제공업체인 Value Search에서 제공하는 재무제표 및 기업 특성 정보를 활용하였음

(2) 변수의 정의

- 본 연구에 사용된 종속변수, 독립변수, 통제변수의 구체적 정의와 측정 방법은 〈표 3〉과 같음

〈표 3〉변수 정의 및 측정 방법

구분	변수 명칭	정 의
종속변수	기업가치(Tobin's Q)	(보통주 및 우선주 시가총액 + 부채의 장부가치)/총자산의 장부가치
	수익성(ROE)	(당기 순이익/평균 자기자본) * 100 (%)
독립변수 (DEI 프로그램)	고용평등 및 다양성 지수(KPI)	'고용다양성 증진 프로그램', '여성 직원 비율', '장애인 고용 현황'을 종합하여 산출한 표준화 점수
	고용다양성 증진 프로그램(DP)	다양성 증진 관련 정책 또는 프로그램 존재 여부 (더미 변수: 1=존재, 0=부재)
	여성직원 수 비율(DP)	(여성 직원 수/전체 직원 수) * 100 (%)
	장애인 고용 현황(DP)	(실제 고용률 − 법정 의무 고용률) 기준
	일 · 생활 균형 프로그램(DP)	유연근무, 육아지원 등 일과 삶의 균형 지원 프로그램 존재 여부 (더미 변수: 1=존재, 0=부재)
	가족친화경영(DP)	가족친화인증 획득 여부 또는 관련 경영 시스템 존재 여부 (더미 변수: 1=존재, 0=부재)
독립변수 (여성 리더십)	여성 사외이사 비율	(여성 사외이사 수/전체 사외이사 수) * 100 (%)
	여성 대표이사 존재 여부	대표이사가 여성인 경우 (더미 변수: 1=존재, 0=부재)
	여성 미등기 임원 비율	(여성 미등기 임원 수/전체 미등기 임원 수) * 100 (%)
통제변수	기업규모(Size)	총자산의 자연로그 값
	부채비율(Leverage)	(총부채/총자산) * 100 (%)
	기업연령(Firm Age)	분석 연도 − 설립 연도

(3) 통제변수 설정 근거

● 통제변수 설정 목적

▶ 기업의 재무성과에 영향을 미칠 수 있는 요인들을 통제함으로써 DEI의 순수한 효과를 식별하고자 다음의 통제변수를 포함하였음

▶ 기업 규모

• 규모의 경제(economies of scale)는 기업의 비용 구조와 시장지배력에 영향을 미쳐 수익성과 시장가치에 체계적인 차이를 발생시킬 수 있으므로 통제변수로 포함하였음

▶ 부재 비율

• 재무 레버리지(financial leverage)는 자기자본이익률 변동성에 영향을 미치며, 과도한 부채는 재무위험을 증가시켜 기업가치에 부정적 영향을 줄 수 있으므로 통제가 필요함

▶ 기업 연령

- 기업의 수명주기(life cycle)에 따라 성장성, 수익성, 안정성에서 구조적 차이가 나타날 수 있으므로 이를 통제하였음. 예컨대, 성숙기업은 상대적으로 안정적 수익성을 보이지만 성장성이 둔화될 수 있음

2.3 연구 모형 설계

(1) 분석 모형

● 본 연구는 DEI가 기업성과에 미치는 영향을 분석하기 위해 다음과 같은 이중 고정효과 패널 회귀모형(Two-way Fixed Effects Panel Regression Model)을 설정함

$$Perf_{it} = \beta_0 + \beta_1 DEI_{it-2} + X'_{it}\gamma + \mu_i + \lambda_t + \varepsilon_{it}$$

$Perf_{it}$: t기 재무성과 (Tobin's Q 또는 ROE)

DEI_{it-2} : t-2기 DEI 독립변수 (각종 DEI 프로그램 및 여성 리더십 지표)

X'_{it} : t기 통제변수 벡터 (기업규모, 부채비율, 기업연령)

μ_i : 관찰되지 않는 기업 고유의 특성을 통제하는 기업 고정효과

λ_t : 연도별 공통 효과를 통제하는 연도 고정효과

ε_{it} : 오차항

(2) 모형 설정의 근거

● 고정효과 모형 채택의 근거

▶ 기업의 고유한 경영전략, 조직문화, 경영진 역량 등 시간에 따라 크게 변하지 않으면서 기업성과에 영향을 미칠 수 있는 관찰 불가능한 이질성을 통제하기 위해 고정효과 모형을 채택하였음. 이를 통해 누락변수 편의(omitted variable bias)를 완화하고 추정치의 신뢰도를 제고하고자 하였음

● 독립변수에 2년 시차(lag) 적용

▶ DEI 정책 도입, 프로그램 실행, 여성 리더 선임 등이 재무성과로 반영되기까지 일정 기간이 소요될 수 있다는 점을 고려하여 모든 독립변수에 2년 시차를 적용하였음. 이러

한 접근은 성과가 좋은 기업이 DEI에 더 많이 투자하는 역인과(reverse causality)나 동시성(simultaneity)으로 인한 내생성(endogeneity) 문제를 완화하는 데 효과적인 방법론으로 알려져 있음

- 군집-강건 표준오차(cluster-robust standard errors)의 사용
  - ▶ 패널 데이터 분석에서는 오차항의 자기상관(autocorrelation) 및 이분산(heteroskedasticity)이 발생할 수 있으므로, 모든 회귀분석에서 기업 수준 군집-강건 표준오차를 적용하였음. 이를 통해 통계적 추론의 정확성을 확보하였음.

(3) 세부 분석

- 본 연구는 DEI와 기업성과 간 관계를 심층적으로 규명하기 위해 다음의 단계별 분석을 수행하였음
  - ▶ 전체 표본 분석
    - 먼저 전체 표본을 대상으로 회귀분석을 실시하여 DEI 관련 지표가 기업성과에 미치는 평균적 효과를 추정하고, 이를 기준선(baseline)으로 설정하였음
  - ▶ 이질성 분석
    - DEI의 효과는 기업이 처한 환경과 특성에 따라 상이할 수 있으므로, 특정 조건에서 DEI 효과가 어떻게 달라지는지 확인하기 위해 표본을 세분화하여 분석하였음. 이를 통해 보다 정교하고 차별적인 시사점을 도출하고자 하였음
- 산업별 분석
  - ▶ 금융업 vs. 비금융업
    - 규제 환경, 인적자본 중요도, 고객 특성 등 구조적 차이가 있는 두 집단을 비교하였음
    - 예비 분석 결과, 여성 사외이사 비율이 금융업에서만 시장 가치에 긍정적 영향을 미치는 것으로 확인되어 산업별 분석의 필요성이 뒷받침되었음
  - ▶ 제조업 vs. 서비스업
    - 자본집약적 산업과 노동집약적 산업 간 DEI 효과의 차이를 확인하기 위해 표본을 구분하여 분석하였음
    - 예비 분석 결과, '일 · 생활 균형 프로그램'은 제조업에서 시장 가치에 긍정적 효과를,

서비스업에서는 수익성에 부정적 효과를 보여 산업별 이질성이 존재함을 시사함

● 기업 규모별 분석

▶ 기업 규모에 따라 보유 자원, 제도적 기반, 시장 가시성이 상이하므로, 규모별로 DEI 효과를 비교하였음

▶ 예비 분석에서 '일·생활 균형 프로그램'은 중소기업의 시장 가치에 긍정적인 반면, '가족친화경영'은 대기업의 수익성을 저하시키는 경향이 확인되어 규모별 분석의 필요성이 확인되었음

2.4 연구 기대 효과

● 본 연구는 DEI와 기업성과 간의 관계를 실증적으로 규명함으로써 다음과 같은 학술적, 실무적, 정책적 기여를 할 것으로 기대됨

▶ 학술적 기여

- 첫째, 산업 특성 및 기업 규모 등 상황적 요인(contingency factors)을 고려하여 DEI와 기업성과 간 관계를 분석함으로써 기존 연구에서 나타난 혼재된 결과를 보완하고 관련 이론 논의를 확장하였음

- 둘째, 여성 이사 비율과 같은 단순 양적 지표를 넘어 여성 대표이사, 미등기 여성 임원 등 리더십의 질적 측면을 분석하고, 유리 절벽(glass cliff) 현상의 존재 가능성을 검증함으로써, 리더십 연구에 있어 양적 대표성을 넘어선 실질적 권한과 역할의 중요성을 환기시켰음

▶ 실무적·정책적 기여

- 기업 경영진에게는 획일적인 DEI 프로그램 도입을 넘어 자사의 산업 특성과 규모에 맞는 맞춤형 DEI 전략의 필요성을 시사하였음. 예를 들어, 본 연구의 일부 결과에서는 중소기업은 '일·생활 균형 프로그램', 금융업은 '여성 사외이사 확대'가 효과적일 수 있음이 확인되었는데, DEI 전략 수립 시 이 같은 기업 특성을 고려할 필요성이 있음

- 정책 입안자에게는 여성 이사 비율 확대와 같은 양적 규제 중심의 접근에서 벗어나 여성 리더의 전문성 강화 및 실질적 역할 보장을 지원하는 질적 성장 중심의 정

책이 필요함을 제시하였음

▶ 투자자 관점의 기여

- ESG 투자자에게는 단순한 DEI 점수나 외형적 지표를 넘어, 기업의 DEI 정책이 실질적 · 구조적 변화를 수반하는지 여부를 평가할 필요성을 시사하였음

- 또한 DEI 관련 투자가 단기적으로는 비용 부담으로 작용할 수 있으나 장기적으로는 기업가치 제고 요인으로 작용할 가능성을 확인하여, 투자자가 단기 재무성과를 넘어 기업의 장기적 지속가능성을 평가하는 데 참고할 근거를 제공하였음

IV

실증분석 결과

1. DEI 프로그램과 기업 성과

- 분석 개요

  ▶ 본 장에서는 DEI 관련 프로그램 및 여성 리더십 지표가 기업의 재무성과에 미치는 영향을 이중 고정효과(two-way fixed effects) 패널 회귀분석을 통해 실증적으로 확인하고자 하였음

  ▶ 종속변수는 기업의 시장가치를 나타내는 Tobin's Q와 회계적 수익성을 나타내는 ROE로 설정하였으며, 산업 및 기업 규모에 따른 이질성 분석도 함께 수행하였음

- 전체 표본에서의 전반적 경향

  ▶ 전체 표본을 대상으로 분석한 결과, DEI 프로그램 및 여성 리더십 관련 지표가 기업가치(Tobin's Q)나 수익성(ROE)에 미치는 영향은 통계적으로 유의미한 관계를 보이지 않는 경우가 대부분인 것으로 확인되었음

  ▶ 이는 한국 기업에서 DEI 관련 제도와 정책이 아직 초기 단계에 있어 그 효과가 시차를 두고 나타나거나, 일부 제도들이 형식적으로 도입되는 경향이 있어서 단기적으로 재무성과에 직접적인 영향이 나타나지 않을 가능성이 있음을 시사함. 또한 자본시장의 투자자들이 아직 DEI를 기업가치 평가의 핵심 요소로 반영하지 않고 있을 가능성도 존재함

- 분석 관점 및 해석 방향

  ▶ 따라서 본 장의 해석은 '왜 전반적으로 유의하지 않았는가'에 대한 고찰을 중심으로 서술하며,

  ▶ 일부 산업이나 기업 규모에서 부분적으로 나타나는 유의미한 관계는 이러한 전반적인 경향 속에서 이질적 효과로 해석하고자 함

1.1 고용평등 및 다양성 지수(KPI)

(1) 전체 표본

<표 4> 고용평등 및 다양성 지수 전체분석 결과

독립변수	Tobin's Q	ROE
고용평등 및 다양성 지수	0.030	0.286
	(0.103)	(0.222)
기업연령	−0.065***	−0.000
	(0.013)	(0.020)
기업규모(로그자산)	−0.361***	0.136
	(0.109)	(0.306)
부채	0.000	0.000
	(0.000)	(0.000)
상수항	13.807***	−4.055
	(2.871)	(7.788)
N	3215	3214
R−squared	0.053	0.162

괄호안은 표준오차. * 0.1 ** 0.05 *** 0.01

(2) 산업별: 금융업, 비금융업, 제조업, 서비스업

<표 5> 고용평등 및 다양성 지수 산업별 결과

독립변수	Tobin's Q				ROE			
	금융업	비금융업	제조업	서비스업	금융업	비금융업	제조업	서비스업
고용평등 및 다양성 지수	0.050	0.011	0.115	−0.228	0.024	0.307	0.042	0.091
	(0.072)	(0.112)	(0.123)	(0.220)	(0.036)	(0.243)	(0.042)	(0.058)
N	216	2999	2458	578	216	2998	2457	578
R−squared	0.052	0.094	0.085	0.186	0.133	0.005	0.007	0.053

괄호안은 표준오차. * 0.1 ** 0.05 *** 0.01;
통제 변수, 연도 및 산업 더미 변수에 대한 추정치는 생략

(3) 기업 규모별

<표 6> 고용평등 및 다양성 지수 기업별 결과

독립변수	Tobin's Q			ROE		
	중소기업	중견기업	대기업	중소기업	중견기업	대기업
고용평등 및	−0.148	0.020	0.717	0.921	0.022	0.308
다양성 지수	(0.150)	(0.117)	(0.904)	(0.823)	(0.030)	(0.308)
N	968	1902	325	967	1903	324
R−squared	0.063	0.074	0.251	0.066	0.004	0.162

괄호안은 표준오차. * 0.1 ** 0.05 *** 0.01　　　통제 변수, 연도 및 산업 더미 변수에 대한 추정치는 생략

- 종합 분석 및 시사점

  ▶ 분석 결과, 기업의 전반적인 DEI 수준을 나타내는 '고용평등 및 다양성 지수(KPI)'는 전체 표본뿐 아니라 산업별, 기업 규모별 하위 집단에서도 기업가치 (Tobin's Q)와 수익성(ROE)에 통계적으로 유의한 영향을 보이지 않는 것으로 확인되었음

  ▶ 이는 여러 하위 항목을 포괄적으로 합산하여 산출된 지수만으로는 기업성과와의 직접적 연결고리를 확인하기 어렵다는 것을 의미함

  ▶ 또한 DEI의 효과가 산업·규모별로 상이하게 나타나 집계된 종합 지수에서는 효과가 상쇄되었을 가능성도 있으며, DEI 정책이 재무성과로 반영되기까지 시간이 소요될 수 있다는 점도 고려할 필요가 있음

  ▶ 이러한 결과는 KPI와 같은 총괄 지표보다 하위 단계의 개별 프로그램의 운영 수준과 질적 요소가 성과에 보다 밀접하게 연관될 수 있음을 시사하며, 이를 확인하기 위해서는 Data Point 레벨의 세분화된 추가 분석이 필요함

1.2 고용다양성 증진 프로그램, 여성 직원 수 비율, 장애인 고용 현황(Data Point)

- Data Point 단위 분석의 필요성

  ▶ 고용평등 및 다양성 지수(KPI)는 '고용다양성 증진 프로그램', '여성 직원 수 비율', '장애인 고용 현황'의 세 가지 Data Point(sub-KPI)로 구성되어 있음

  ▶ 이에 따라 KPI 수준에서 확인되지 않은 효과를 파악하기 위해 각 Data Point가 기업

재무성과에 미치는 영향을 개별적으로 분석하였음

▶ 앞에서와 마찬가지로, 전체 표본, 산업별, 규모별로 나누어 분석을 시행함

(1) 전체 표본

〈표 7〉 전체 분석 결과

독립변수	Tobin's Q	ROE	Tobin's Q	ROE	Tobin's Q	ROE
고용다양성	−0.115	0.044				
증진 프로그램	(0.080)	(0.041)				
여성 직원 수 비율			0.214	0.315		
			(0.146)	(0.239)		
장애인 고용 현황					−0.012	0.085
					(0.049)	(0.084)
상수항	23.841***	2.505	13.741***	−3.405	13.973***	−3.693
	(7.756)	(1.894)	(2.828)	(7.278)	(2.901)	(7.642)
N	868	867	3215	3214	3215	3214
R−squared	0.012	0.072	0.072	0.127	0.126	0.168

괄호안은 표준오차. * 0.1 ** 0.05 *** 0.01　　　　통제 변수, 연도 및 산업 더미 변수에 대한 추정치는 생략

(2) 산업별 분석(금융업, 비금융업, 제조업, 서비스업)

〈표 8〉 고용다양성 증진 프로그램 산업별 분석 결과

독립변수	Tobin's Q				ROE			
	금융업	비금융업	제조업	서비스업	금융업	비금융업	제조업	서비스업
고용다양성 증진 프로그램	−0.029	−0.111	0.037	−0.310**	−0.006	0.056	0.052	0.001
	(0.029)	(0.099)	(0.105)	(0.144)	(0.021)	(0.053)	(0.073)	(0.022)
N	177	691	472	312	177	690	471	312
R−squared	0.041	0.123	0.116	0.213	0.144	0.014	0.014	0.054

괄호안은 표준오차. * 0.1 ** 0.05 *** 0.01;　　　통제 변수, 연도 및 산업 더미 변수에 대한 추정치는 생략

〈표 9〉 여성 직원 수 비율 산업별 분석 결과

독립변수	Tobin's Q				ROE			
	금융업	비금융업	제조업	서비스업	금융업	비금융업	제조업	서비스업
여성 직원 수 비율	−0.010	0.214	0.204	0.315	−0.034	0.349	0.133	0.005
	(0.083)	(0.158)	(0.209)	(0.209)	(0.031)	(0.264)	(0.104)	(0.061)
N	216	2999	2458	578	216	2998	2457	578
R−squared	0.050	0.095	0.085	0.193	0.135	0.006	0.007	0.048

괄호안은 표준오차. * 0.1 ** 0.05 *** 0.01;　　　통제 변수, 연도 및 산업 더미 변수에 대한 추정치는 생략

〈표 10〉 장애인 고용현황 산업별 분석 결과

독립변수	Tobin's Q				ROE			
	금융업	비금융업	제조업	서비스업	금융업	비금융업	제조업	서비스업
장애인 고용현황	0.032	−0.016	0.032	−0.133	0.014	0.093	−0.013	0.045*
	(0.043)	(0.055)	(0.055)	(0.135)	(0.014)	(0.095)	(0.016)	(0.026)
N	216	2999	2458	578	216	2998	2457	578
R−squared	0.053	0.094	0.085	0.186	0.134	0.004	0.006	0.052

괄호안은 표준오차. * 0.1 ** 0.05 *** 0.01;　　　통제 변수, 연도 및 산업 더미 변수에 대한 추정치는 생략

(3) 기업 규모별: 대기업, 중견기업, 중소기업

〈표 11〉 고용다양성 증진 프로그램 기업규모별 분석 결과

독립변수	Tobin's Q			ROE		
	중소기업	중견기업	대기업	중소기업	중견기업	대기업
고용다양성 증진 프로그램	−0.115	−0.139	−0.139	0.075	−0.075*	−0.075*
	(0.086)	(0.219)	(0.219)	(0.052)	(0.041)	(0.041)
N	640	208	208	639	208	208
R−squared	0.094	0.165	0.165	0.012	0.072	0.072

괄호안은 표준오차. * 0.1 ** 0.05 *** 0.01;　　　통제 변수, 연도 및 산업 더미 변수에 대한 추정치는 생략

〈표 12〉 여성 직원 수 비율 기업규모별 분석 결과

독립변수	Tobin's Q			ROE		
	중소기업	중견기업	대기업	중소기업	중견기업	대기업
여성 직원 수 비율	0.269	0.024	0.635	0.728	0.025	0.351
	(0.205)	(0.133)	(0.594)	(0.670)	(0.045)	(0.284)
N	968	1902	325	967	1903	324
R−squared	0.065	0.074	0.258	0.060	0.004	0.176

괄호안은 표준오차. * 0.1 ** 0.05 *** 0.01;　　　통제 변수, 연도 및 산업 더미 변수에 대한 추정치는 생략

〈표 13〉 장애인 고용현황 기업규모별 분석 결과

독립변수	Tobin's Q			ROE		
	중소기업	중견기업	대기업	중소기업	중견기업	대기업
장애인 고용현황	−0.077	0.020	−0.313	0.316	0.012	−0.317
	(0.062)	(0.067)	(0.265)	(0.320)	(0.017)	(0.407)
N	968	1902	325	967	1903	324
R−squared	0.063	0.074	0.247	0.056	0.004	0.164

괄호안은 표준오차. * 0.1 ** 0.05 *** 0.01;   통제 변수, 연도 및 산업 더미 변수에 대한 추정치는 생략

● 종합 분석 및 시사점

▶ Data Point 변수들의 전반적 효과는 매우 미미함

- KPI(고용평등 및 다양성 지수)의 하위 항목 분석 결과, '여성 직원 수 비율'과 '장애인 고용 현황'은 전체 표본 및 대부분의 하위 집단에서 기업가치와 수익성에 대해 통계적으로 유의한 관계를 보이지 않는 것으로 확인되었음
- 이런 결과는 특정 인력집단 비율과 같은 비율형 지표가 기업성과와의 관계를 설명하는 데 제한적일 수 있음을 시사함

▶ 특히 여성 직원 수 비율은 모든 회귀 모형에서 유의하지 않은 결과

- '여성 직원 수 비율'은 성별 다양성을 보여주는 지표로서의 특징도 있으나, 서비스업 대 제조업과 같이 산업별 특성에 따라 이미 최적화된 인력 구조가 결정되는 측면이 크기 때문에 DEI 지표로서의 설명력이 낮은 것으로 보임

▶ 고용다양성 증진 프로그램의 부분적 유의성

- 한편, '고용다양성 증진 프로그램'은 서비스업 표본에서 기업가치(Tobin's Q)와 음(−)의 관계를, 중견 · 대기업 표본에서는 수익성(ROE)에 음(−)의 관계를 보이는 등 일부 집단에서 통계적으로 유의한 영향을 나타냈음
- 이는 프로그램 초기 단계에서 발생하는 비용 요인이 단기 성과에 반영되었을 가능성을 시사함.

▶ 장애인 고용 현황의 분석 결과 해석

- '장애인 고용 현황' 변수 또한 서비스업에서 ROE와 양(+)의 관계를 보인 경우를 제외하고는 유의한 결과가 확인되지 않음
- 이는 장애인 고용이 대부분 기업에서 법적 의무 준수 차원에서 운영되는 경우가

많아, 전략적 DEI 활동을 반영하는 지표로 활용되기에는 한계가 있기 때문인 것으로 판단됨

- 한편, 〈표 10〉에서 '장애인 고용 현황'이 서비스업의 ROE에 양(+)의 영향을 보인 결과는, '고용다양성 증진 프로그램'이 서비스업 Tobin's Q에 음(-)의 효과를 보인 것과 비교하면 일관성이 없는 것으로 판단됨. 이러한 상이한 결과는 개별 Data Point의 효과가 아직 제한적이거나 다른 요인에 의해 교란되었을 가능성을 의미하며, 해석에 주의가 필요함

1.3 기타 DEI 지수: 일 · 생활 균형 프로그램, 가족친화경영(Data Point)

- 앞에서 검토한 고용평등 및 다양성 관련 지표 외에도, 서스틴베스트에서 평가하는 DEI 항목 중 일 · 생활 균형 프로그램 지수와 가족친화경영 지수가 재무성과에 미치는 효과를 추가적으로 분석하였음

(1) 전체 표본

〈표 14〉 기타DEI 지수 전체분석 결과

독립변수	Tobin's Q	ROE	Tobin's Q	ROE
일 · 생활 균형 프로그램	0.148*	0.053		
	(0.082)	(0.052)		
가족친화 경영			0.097	−0.029
			(0.062)	(0.025)
상수항	24.306***	2.536	14.016***	−3.207
	(7.782)	(1.907)	(2.839)	(7.163)
N	868	867	3215	3214
R−squared	0.052	0.017	0.163	0.004

괄호안은 표준오차. * 0.1 ** 0.05 *** 0.01;   통제 변수, 연도 및 산업 더미 변수에 대한 추정치는 생략

- 전체 표본에서의 관계
  - ▶ '일 · 생활 균형 프로그램'은 전체 표본에서 Tobin's Q와 통계적으로 유의한 양(+)의 관계를 보였음. 시장은 일과 삶의 균형을 지원하는 제도를 기업의 지속가능성을 높이는 긍정적 신호로 해석하여 기업가치를 높게 평가하는 것으로 해석됨. 다만, 이러한 제

도가 단기 회계적 수익성(ROE)으로 직접 연결되지는 않아, 장기적 관점의 투자가 필요함을 시사함

▶ 반면, '가족친화경영' 지표는 전체 표본에서는 일관된 유의성을 보이지 않았음.

(2) 산업별: 금융업, 비금융업, 제조업, 서비스업

〈표 15〉 일 · 생활 균형 프로그램 산업별 분석 결과

독립변수	Tobin's Q				ROE			
	금융업	비금융업	제조업	서비스업	금융업	비금융업	제조업	서비스업
일 · 생활 균형 프로그램)	−0.021	0.211**	0.283**	−0.015	0.001	0.067	0.112	−0.038*
	(0.044)	(0.106)	(0.120)	(0.126)	(0.020)	(0.066)	(0.096)	(0.019)
N	177	691	472	312	177	690	471	312
R−squared	0.039	0.127	0.126	0.168	0.143	0.015	0.017	0.062

괄호안은 표준오차. * 0.1 ** 0.05 *** 0.01;　　통제 변수, 연도 및 산업 더미 변수에 대한 추정치는 생략

〈표 16〉 가족친화경영 산업별 분석 결과

독립변수	Tobin's Q				ROE			
	금융업	비금융업	제조업	서비스업	금융업	비금융업	제조업	서비스업
가족친화경영	−0.026	0.107	0.193**	−0.089	0.013	−0.034	−0.006	−0.011
	(0.022)	(0.070)	(0.083)	(0.105)	(0.013)	(0.029)	(0.022)	(0.016)
N	216	2999	2458	578	216	2998	2457	578
R−squared	0.052	0.095	0.087	0.184	0.133	0.003	0.006	0.048

괄호안은 표준오차. * 0.1 ** 0.05 *** 0.01;　　통제 변수, 연도 및 산업 더미 변수에 대한 추정치는 생략

(3) 기업 규모별: 대기업, 중견기업, 중소기업

〈표 17〉 일 · 생활 균형 프로그램 기업규모별 분석 결과

독립변수	Tobin's Q			ROE		
	중소기업	중견기업	대기업	중소기업	중견기업	대기업
일 · 생활 균형 프로그램	0.238**	0.034	0.034	0.094	−0.015	−0.015
	(0.111)	(0.113)	(0.113)	(0.078)	(0.039)	(0.039)
N	640	208	208	639	208	208
R−squared	0.099	0.158	0.158	0.012	0.070	0.070

괄호안은 표준오차. * 0.1 ** 0.05 *** 0.01;　　통제 변수, 연도 및 산업 더미 변수에 대한 추정치는 생략

〈표 18〉 가족친화경영 기업규모별 분석 결과

독립변수	Tobin's Q			ROE		
	중소기업	중견기업	대기업	중소기업	중견기업	대기업
가족친화경영	0.074	0.094	0.007	0.004	−0.004	−0.247**
	(0.092)	(0.096)	(0.209)	(0.042)	(0.023)	(0.114)
N	968	1902	325	967	1903	324
R−squared	0.063	0.075	0.246	0.052	0.004	0.163

괄호안은 표준오차. * 0.1 ** 0.05 *** 0.01; 통제 변수, 연도 및 산업 더미 변수에 대한 추정치는 생략

- 제조업/중소기업에서의 일부 긍정적 효과
  - ▶ 주목할 점은, 제조업 표본에서는 '일·생활 균형 프로그램'과 '가족친화경영' 지표 모두 Tobin's Q와 양(+)의 관계를 보이고 있으며, 중소기업 표본에서도 '일·생활 균형 프로그램'이 Tobin's Q와 양(+)의 관계를 나타냈다는 사실임 (〈표 15〉, 〈표 16〉, 〈표 17〉 참조)
  - ▶ 이는 인력 확보 경쟁이 치열하고 숙련된 인력의 장기근속 유도가 매우 중요하지만, 대기업에 비해 상대적으로 불리한 중소기업/제조업의 특성을 감안할 때, 이러한 제도가 우수 인력을 유인하고 이직률을 낮추는 효과적인 전략이 될 수 있음을 시사함
- 대기업 표본에서의 부정적 효과
  - ▶ 이에 반해, 대기업 표본에서는 '가족친화경영' 지표가 수익성(ROE)과 통계적으로 유의한 음(−)의 관계를 보였음(〈표 17〉 참조)
  - ▶ 이미 관련 제도가 보편화된 대기업에서 추가적인 인증 획득 및 운영에 따르는 비용이 단기 수익성에 부담으로 작용할 수 있음을 보여줌
  - ▶ 이는 일부 DEI 프로그램이 단기적 관점에서 수익성과 상반된 결과를 보일 수 있음을 의미함

2. 여성 리더십과 기업 성과

- 여성 리더십과 관련된 기존 연구는 주로 여성 사외이사 비율과 재무성과 간의 관계를 분석해 왔으나, 한국에서 이사회가 제대로 역할을 못하고 있다는 평가가 지배적인 점을 감안할 때 이 지표만으로 여성 리더십이 실질적으로 영향력을 행사하고 있는지 파악하기에는

한계가 있음

● 이에 본 연구에서는 이사회보다는 대표이사와 미등기 임원들이 실질적으로 기업을 경영하고 있는 점을 감안하여 이 두 변수에 대한 여성 리더십 지수를 함께 사용하여 분석을 수행하였음

2.1 여성 사외이사 비율

(1) 전체 표본

〈표 19〉 여성 사외이사 비율 전체분석 결과

독립변수	Tobin's Q	ROE
여성 사외이사 비율	−0.001	0.001
	(0.002)	(0.001)
N	3547	3546
R−squared	0.088	0.003

괄호안은 표준오차. * 0.1 ** 0.05 *** 0.01;　　통제 변수, 연도 및 산업 더미 변수에 대한 추정치는 생략

● 전체 표본 분석 결과, '여성 사외이사 비율'은 기업가치(Tobin's Q)와 수익성(ROE) 모두에 대해 통계적으로 유의한 영향을 보이지 않았음. 이는 단순한 여성 사외이사 비율만으로는 기업성과와의 직접적인 관계를 확인하기 어렵다는 기존 해외 연구(Ahern & Dittmar, 2012; Eckbo et al., 2022)의 결과와도 일치함

(2) 산업별: 금융업, 비금융업, 제조업, 서비스업

〈표 20〉 여성 사외이사 비율 산업별 분석 결과

독립변수	Tobin's Q				ROE			
	금융업	비금융업	제조업	서비스업	금융업	비금융업	제조업	서비스업
여성 사외이사 비율	0.004**	−0.002	−0.001	−0.000	0.000	0.001	0.000	0.001
	(0.002)	(0.002)	(0.002)	(0.003)	(0.001)	(0.001)	(0.001)	(0.001)
N	224	3323	2450	918	224	3322	2449	918
R−squared	0.105	0.095	0.087	0.112	0.086	0.003	0.006	0.039

괄호안은 표준오차. * 0.1 ** 0.05 *** 0.01;　　통제 변수, 연도 및 산업 더미 변수에 대한 추정치는 생략

(3) 기업 규모별: 대기업, 중견기업, 중소기업

<표 21> 여성 사외이사 비율 기업규모별 분석 결과

독립변수	Tobin's Q			ROE		
	중소기업	중견기업	대기업	중소기업	중견기업	대기업
여성 사외이사 비율	−0.003	−0.001	0.004	0.001	0.002**	−0.000
	(0.004)	(0.001)	(0.004)	(0.003)	(0.001)	(0.002)
N	1065	2142	320	1064	2143	319
R−squared	0.057	0.079	0.248	0.045	0.004	0.157

괄호안은 표준오차. * 0.1 ** 0.05 *** 0.01; 통제 변수, 연도 및 산업 더미 변수에 대한 추정치는 생략

- 금융업 표본에서는 여성 사외이사 비율이 Tobin's Q와 통계적으로 유의한 양(+)의 관계를 보였음. 규제 준수와 지배구조 투명성이 특히 중요한 금융업 특성을 고려할 때, 이 결과를 시장이 이를 이사회 기능 강화의 긍정적 신호로 해석할 가능성이 있음. 그러나, 이미 강한 규제를 받고 있는 금융업에서 여성 이사 1명을 추가한다고 해서 지배구조가 실질적으로 변화하리라고 단정하기는 어려우므로 해석에 신중할 필요가 있음

- 한편, 규모별 분석에서는 중견기업 표본에서 여성 사외이사 비율이 양(+)의 관계를 보였으나(<표 20>), 다른 규모 및 산업 표본에서는 반복되지 않았음. 따라서 이 결과를 여성 사외이사 비율의 효과로 단정하기는 어렵고, 표본 특성 또는 다른 요인의 영향이 반영되었을 가능성이 있어 추가적인 검증이 필요함

2.2 여성 대표이사 존재 여부

(1) 전체 표본

<표 22> 여성 대표이사 존재여부 전체 표본 분석 결과

독립변수	Tobin's Q	ROE
여성 대표이사 존재여부	−0.348	0.053
	(0.297)	(0.059)
N	3564	3563
R−squared	0.089	0.003

괄호안은 표준오차. * 0.1 ** 0.05 *** 0.01; 통제 변수, 연도 및 산업 더미 변수에 대한 추정치는 생략

(2) 산업별: 비금융업, 제조업, 서비스업

<표 23> 여성 대표이사 존재여부 산업별 분석 결과

독립변수	Tobin's Q			ROE		
	비금융업	제조업	서비스업	비금융업	제조업	서비스업
여성 사외이사 비율	−0.340	−0.037	−1.685*	0.054	0.026	0.140
	(0.297)	(0.229)	(0.887)	(0.059)	(0.047)	(0.108)
N	3339	2462	923	3338	2461	923
R−squared	0.094	0.085	0.182	0.003	0.006	0.041

괄호안은 표준오차. * 0.1 ** 0.05 *** 0.01;　　통제 변수, 연도 및 산업 더미 변수에 대한 추정치는 생략

(3) 기업 규모별: 대기업, 중견기업, 중소기업

<표 24> 여성 대표이사 비율 기업규모별 분석 결과

독립변수	Tobin's Q			ROE		
	중소기업	중견기업	대기업	중소기업	중견기업	대기업
여성 대표이사 비율	−2.047***	−0.335	−0.254**	0.058	0.067	0.068
	(0.046)	(0.448)	(0.126)	(0.139)	(0.052)	(0.098)
N	1071	2148	325	1070	2149	324
R−squared	0.060	0.081	0.248	0.045	0.004	0.158

괄호안은 표준오차. * 0.1 ** 0.05 *** 0.01;　　통제 변수, 연도 및 산업 더미 변수에 대한 추정치는 생략

- '여성 대표이사 존재 여부'는 전체 표본에서는 Tobin's Q 및 ROE와 통계적으로 유의한 관계를 보이지 않았음. 그러나 서비스업, 중소기업 및 대기업 표본에서는 여성 대표이사 존재 여부가 Tobin's Q와 유의한 음(-)의 관계를 보였음

- Tobin's Q에서만 음(-)의 관계가 나타난 결과의 의미

  ▶ 주목할 점은, 이러한 부정적 관계가 Tobin's Q에서만 관찰되었으며, ROE에서는 나타나지 않았다는 것임. 즉, 여성 대표이사의 실제 경영 실적과는 무관하게 자본시장이 여성 CEO 선임을 부정적으로 평가하고 있음을 시사함

  ▶ 이 결과는 우선 지배구조 리스크 관점에서 해석할 수 있음. 지배주주의 여성 친족(딸/며느리 등)이 경영 능력 검증이 부족한 상태에서 CEO로 선임된다면 시장에서는 이를

지배구조 리스크로 인식하여 기업가치에 부정적 영향을 미칠 것임. 특히 이런 경향이 여성 친족 CEO의 선임이 상대적으로 더 빈번할 수 있는 서비스업과 중소기업에서 강하게 나타난다는 점은 이 가설을 뒷받침할 수 있음

- ▶ 한편, 어려움을 겪고 있는 기업에 여성 CEO가 선임될 가능성이 높다는 '유리 절벽(glass cliff)' 현상을 염두에 둘 때, 시장에서는 여성 CEO 선임 자체를 회사의 경영 위기 상황과 연계된 신호로 받아들일 가능성도 있음
- ▶ 그러나 본 연구는 여성 대표이사의 유형(전문경영인 vs. 지배주주 친족)을 구분하지 않았기 때문에 이를 실증적으로 검증하지는 못했으나, 향후 여성 리더십과 기업성과를 분석하는데 있어 중요한 연구 방향이 될 수 있음

2.3 여성 미등기 임원 비율

(1) 전체 표본

<표 25> 여성 미등기 임원 비율 전체 표본 분석 결과

독립변수	Tobin's Q	ROE
여성 대표이사 존재여부	0.000	−0.002
	(0.000)	(0.002)
N	2793	2794
R−squared	0.004	0.067

괄호안은 표준오차. * 0.1 ** 0.05 *** 0.01;　　통제 변수, 연도 및 산업 더미 변수에 대한 추정치는 생략

(2) 산업별: 금융업, 비금융업, 제조업, 서비스업

<표 26> 여성 미등기 임원 비율 산업별 표본 분석 결과

독립변수	Tobin's Q				ROE			
	금융업	비금융업	제조업	서비스업	금융업	비금융업	제조업	서비스업
여성 미등기 임원 비율	0.000	−0.002	−0.003	−0.001	−0.000	0.000	0.001	−0.001
	(0.001)	(0.002)	(0.002)	(0.003)	(0.000)	(0.000)	(0.001)	(0.001)
N	198	2596	1936	717	198	2595	1935	717
R−squared	0.048	0.073	0.071	0.087	0.099	0.004	0.006	0.042

괄호안은 표준오차. * 0.1 ** 0.05 *** 0.01;　　통제 변수, 연도 및 산업 더미 변수에 대한 추정치는 생략

(3) 기업 규모별: 대기업, 중견기업, 중소기업

〈표 27〉 여성 미등기 임원 비율 기업규모별 분석 결과

독립변수	Tobin's Q			ROE		
	중소기업	중견기업	대기업	중소기업	중견기업	대기업
여성 미등기 임원 비율	−0.003	−0.002	0.001	−0.001	0.000	−0.001
	(0.004)	(0.002)	(0.001)	(0.001)	(0.001)	(0.001)
N	903	1693	178	903	1693	178
R−squared	0.071	0.065	0.172	0.071	0.065	0.172

괄호안은 표준오차. * 0.1 ** 0.05 *** 0.01;　　　통제 변수, 연도 및 산업 더미 변수에 대한 추정치는 생략

- 종합 분석 및 시사점
  - ▶ '여성 미등기 임원 비율'은 전체 표본뿐 아니라 산업별, 기업 규모별 세분화된 모든 분석 집단에서도 기업가치(Tobin's Q) 및 수익성(ROE)과 통계적으로 유의한 관계를 보이지 않았음
  - ▶ 이는 앞에서 이사회보다는 대표이사 및 미등기 임원이 실질적인 경영을 담당할 것이라는 가정과 상반되는 결과임
    - 이러한 결과는 여성 미등기 임원의 수를 늘리는 것만으로는 기업성과에 영향을 미치기 어렵다는 것을 명확히 보여줌. 즉, 여성 임원이 증가하더라도 이들이 기업의 핵심 전략이나 재무적 성과와 직결되는 핵심 보직이나 실질적 권한을 갖지 못한다면 여전히 상징적 존재에 그칠 수 있음
    - 따라서 여성 리더십의 긍정적 효과가 발현되기 위해서는 양적 확대를 넘어, 이들이 조직 내에서 실질적인 역할과 권한을 맡고 있는지를 평가하는 질적 분석이 병행되어야 함을 시사함

- 여성 리더십 전체(CEO · 사외이사 · 미등기 임원) 종합 분석 및 시사점
  - ▶ 효과는 상황과 직위에 따라 달라짐: 여성 리더십과 기업성과 간의 관계는 일률적으로 나타나지 않았으며, 산업과 기업 규모, 그리고 리더의 직위에 따라 상이한 결과를 보였음
  - ▶ 거버넌스 리스크 및 유리 절벽 현상 가능성: 여성 대표이사의 존재는 특정 산업(서비스업)과 기업 규모(중소기업, 대기업)에서 기업가치에 부정적인 영향을 미쳤음. 그러나

이는 여성 리더의 역량 문제라기보다, 여성을 CEO로 선임하는 것을 '유리 절벽' 현상
으로 해석하거나, 여성 친족 CEO 선임에 따른 지배구조 리스크에 대한 시장의 부정적
반응일 가능성이 있음

▶ 양보다 질과 권한이 중요: 여성 미등기 임원 비율은 어떤 경우에도 기업성과와 유의미
한 관계를 보이지 않았음. 이는 단순히 여성 관리자의 수를 늘리는 양적 확대를 넘어,
상근 등기이나나 대표이사와 같이 실질적 권한을 가진 직위로의 진출이 여성 리더십의
긍정적 효과를 이끌어내는 데 더 중요한 요인임을 시사함.

▶ 즉, 여성 리더십의 효과는 상징적 존재가 아닌 실질적 권한에서 비롯됨을 보여주는 결
과임

V

결론

1. 결과 요약

- DEI 지표 전반에 대한 결과
  - 본 연구는 기업의 DEI 수준과 재무성과 간의 관계가 일률적이지 않으며, 지표의 특성 및 기업이 처한 산업·규모별 맥락에 따라 복합적이고 이질적인 양상을 보임을 확인하였음
  - 전체적으로 DEI 프로그램 및 여성 리더십 지표가 기업가치(Tobin's Q)와 수익성(ROE)에 대해 통계적으로 유의하지 않은 경우가 대부분이었음
  - 이는 한국 기업에서 DEI 관련 제도가 아직 정착 초기 단계에 있거나, '토크니즘(Tokenism)'과 같이 형식적인 도입에 그쳐 실질적인 성과로 이어지지 못하고 있을 가능성을 시사함. 또한, 자본시장의 투자자들이 아직 DEI를 기업가치 평가의 핵심 요소로 반영하지 않고 있을 가능성도 존재함
  - 이러한 전반적인 경향 속에서 일부 DEI 지표가 특정 상황에서 부분적으로 유의미한 관계를 보이는 경우가 다음과 같이 관찰되었음
- DEI 프로그램: 양적 지표의 한계와 일부 제도의 긍정적 신호
  - '고용평등 및 다양성 지수(KPI)'와 '여성 직원 수 비율' 등 포괄적·양적 지표는 전체 표본 및 하위 집단에서 성과와 통계적으로 유의한 관계를 보이지 않았음. 이는 양적 확대 중심의 지표만으로는 기업성과와의 직접적인 연관성을 확인하기 어렵다는 점을 시사함
  - '고용다양성 증진 프로그램'은 일부 집단(서비스업 및 중견·대기업)에서 단기적으로 비용으로 작용하여 기업가치(Tobin's Q)나 수익성(ROE)에 부담을 줄 가능성이 확인되었음
  - 반면, '일·생활 균형 프로그램'과 '가족친화경영' 지표는 제조업과 중소기업 집단에서 시장가치(Tobin's Q)와 양(+)의 관계를 보였음. 이는 해당 산업/규모의 기업에서 인재 유치 및 유지가 중요한 전략적 과제이며, 시장이 이러한 제도를 기업의 안정성 및 성장 잠재력을 높이는 긍정적 신호로 평가하고 있을 가능성을 시사함

- 여성 리더십: 양이 아닌 질(권한)과 상황의 중요성

  ▶ '여성 사외이사 비율'은 대부분의 분석 집단에서 유의한 관계를 보이지 않았으나, 금융
  업에서만 Tobin's Q와 양(+)의 관계가 확인됨

  ▶ '여성 대표이사 존재 여부'는 전체 표본에서는 유의하지 않았으나, 서비스업, 중소기업
  및 대기업에서 Tobin's Q와 음(-)의 관계가 나타났음. 이는 여성 CEO 선임을 '유리 절
  벽' 현상으로 해석하거나, 친족 경영에 따른 지배구조 리스크로 받아들여 자본시장이
  부정적으로 반응하는 것일 수 있음

  ▶ '여성 미등기 임원 비율'은 모든 조건에서 재무성과에 영향을 미치지 못하여, 리더십
  효과가 단순히 숫자(양)가 아닌 실질적 권한(질)에서 비롯된 것임을 시사함

2. 시사점

2.1 정책적 시사점

(1) '양적 규제'에서 '질적 성장 지원'으로 정책 패러다임 전환

- 본 연구 및 기존 선행연구에 따르면, 여성 이사 할당제와 같은 양적 규제는 재무성과와 유
의미한 연계성을 보이지 않는 것으로 나타남

- 따라서 여성 이사 선임 자체를 정책 목표로 삼기보다, 이사회가 실질적인 감시와 견제 기
능을 행할 수 있도록 하는 전반적인 지배구조의 질적 개선의 맥락에서 접근해야 함

- 또한 정책의 초점을 '숫자'에서 여성 리더가 전문성을 발휘하고 의사결정에 실질적으로
참여할 수 있는 환경(예: 이사회 핵심 위원회 참여 보장)을 조성하는 '질적' 측면으로 전환
할 필요가 있음

(2) 기업 특성을 고려한 '선택과 집중' 지원

- 본 연구에서는 중소기업과 제조업에서 '일 · 생활 균형' 프로그램이 시장가치 제고와 관련
된 긍정적 신호로 나타남

- 이는 기업의 산업별, 규모별 특성을 고려할 때 특정 제도가 DEI · ESG 성과를 높이는데

더 큰 역할을 할 수 있음을 의미함. 따라서 해당 기업군에 대한 세제 혜택, 컨설팅 제공 등 정밀 정책 지원이 효과적일 수 있음

(3) '유리 절벽' 및 '거버넌스 리스크' 완화를 위한 지원

- 여성 대표이사 선임이 시장에서 부정적으로 인식될 가능성이 확인된 만큼, 이에 대한 구조적 편견을 개선하기 위한 노력이 필요함
- 특히 친족 경영이 아닌 전문경영인으로서의 여성 리더를 발굴·홍보하고, 위기 상황에서 임명된 여성 리더를 위한 멘토링 및 자문 네트워크 구축 등은 유리 절벽 가능성을 완화하는 방안을 고려할 수 있음

2.2 학술적 시사점

(1) DEI 성과의 '상황 적합성(contingency)' 확인

- 본 연구는 DEI와 기업성과 간 관계에 대한 기존 연구의 혼재된 결과가 산업 및 규모 등 상황적 요인에 기인할 가능성을 실증적으로 뒷받침함
- 이에 따라 향후 연구는 DEI 효과를 단선적으로 가정하기보다, 다양한 상황 변수와의 상호작용 효과를 중심으로 확장할 필요가 있음

(2) 리더십의 '양(quantity)'을 넘어 '질(quality)'의 중요성 제시

- 본 연구에서 여성 미등기 임원 비율은 기업성과와 유의미한 연관성을 보이지 않았으며, 이는 리더십의 양적 대표성보다 실질적 권한과 핵심 보직의 역할을 강조하였음
- 향후 연구에서는 임원 수 등 단순 양적 지표보다 여성 리더가 조직 내에서 부여받는 권한과 책임을 반영한 질적 지표 개발이 필요함

(3) 한국적 맥락에서의 '유리 절벽' 및 거버넌스 리스크 실증 근거 제시

- 여성 대표이사 선임이 수익성(ROE)과는 무관하지만 기업가치(Tobin's Q)와는 음(-)의 관계를 보인 결과는, 한국 자본시장에서의 유리 절벽 또는 친족경영 기반 리스크 가능성을 시사함

- 이에 따라 여성 대표이사의 유형(전문경영인 vs. 지배주주 친족)에 따라 시장 반응이 상이할 수 있을 것으로 예상되며, 이에 대한 후속 분석이 필요함

2.3 투자자를 위한 시사점

(1) 단순 ESG 점수를 넘어선 '실질성(materiality)' 평가

- 포괄적 DEI 지표(KPI)나 여성 미등기 임원 비율과 같은 양적 지표는 기업성과와 유의미한 관계가 확인되지 않았음
- 투자자는 ESG 평가 시 단순 보여주기 식 지표가 아닌, DEI 정책이 해당 기업의 핵심 전략 및 인적 자본 관리와 어떻게 연계되는지 실질성과 진정성을 평가해야 함

(2) 기업 상황을 고려한 차별적 접근 필요성

- DEI 지표는 획일적으로 적용하기보다, 해당 기업이 속한 산업의 특성과 규모에 맞춰 그 의미를 해석해야 함
- 예컨대, 본 연구 결과에 따르면 금융업에서는 여성 사외이사의 존재가, 중소 제조업에서는 일·생활 균형 프로그램이 더 의미 있는 긍정적 신호일 수 있음

(3) 시장 인식과 실제 성과의 분리 해석

- 여성 대표이사 선임 시 수익성 변화 없이 시장가치만 하락한 결과는 시장 인식 (편견·리스크 우려)과 실제 경영 성과가 분리될 수 있음을 보여줌
- 투자자는 이러한 시장 반응이 과도한 편견이나 우려인지, 혹은 실질적 지배구조 리스크를 반영하는 것인지 구분할 필요가 있음

(4) DEI 투자의 '장기적 관점' 유지

- 일·생활 균형 프로그램 등은 단기 수익성보다 장기 가치(Tobin's Q)에 긍정적 영향을 미치거나, 일부 프로그램이 단기 비용으로 작용하는 결과는 DEI 투자의 장기적 속성을

보여줌

- 따라서 투자자는 DEI를 단기 수익 창출 요인이 아닌, 인적 자본 확보, 리스크 관리, 지속가능성 제고를 위한 장기적 투자 관점에서 접근할 필요가 있음

제1부 기업 소유구조가 ESG 성과에 미치는 영향

1. 국내 문헌

[1]   김경옥. (2018). 기업의 소유구조 특성과 기업의 사회적 책임(CSR) 활동 간의 관련성, Journal of Business Research, 33(2), 171-193.

[2]   김종대, 안형태, 명재규, 배성미. (2016), 성공적 CSR 전략으로서 CSV에 대한 평가, Korea Business Review, 20(1), 97-107.

[3]   박진혁, 이장우. (2022). ESG 평가가 기업가치에 미치는 영향에 대한 연구: 기업의 지배구조 특성을 중심으로, 재무관리연구, 39(2), 147-184.

[4]   서스틴베스트. (2024). 서스틴베스트 ESG 평가 방법론: 2024년 하반기.

[5]   조 신, 조지형, 정우진. (2018). 기업 소유구조가 수익성에 미치는 영향: 유가증권시장과 코스닥시장 상장기업 비교를 중심으로. 기업경영연구, 25(1), 53-80.

[6]   조 신. (2021). 『넥스트 자본주의, ESG』, 사회평론.

[7]   최향미, 조영곤. (2011). 소유-지배 괴리도와 연구개발 투자, 한국산학기술학회지, 12(12), 5558-5563.

[8]   최향미, 안지영, 임병권. (2024). 기업의 소유구조와 선택적 CSR에 대한 연구, 경영경제연구, 46(1), 23-42.

2. 해외 문헌

[9]   Ang, J., Cole, R., & Lin, J. (2000). Agency Costs and Ownership Structure. Journal of Finance, 55(1), 81-106.

[10]   Berle, A. & Means, G. (1932). 『The Modern Corporation and Private Property』, New York: MacMillan.

[11]   Choi, J., Jo, H., Kim, J., & Kim, M. (2018). Business Groups and Corporate Social Responsibility, Journal of Business Ethics, 153, 931-954.

[12]   Chung, C., Cho, S., Ryu, D., & Ryu, D. (2019). Institutional Blockholders and Corporate Social Responsibility, Asian Business and Management, 18, 143-186.

[13]   Demsetz, H. (1983). The Structure of Ownership and The Theory of The Firm. Journal of Law and Economics, 26(2), 375-390.

[14]   European Commission. (2025). Corporate Social Responsibility & Responsible business conduct.

https://commission.europa.eu/business-economy-euro/doing-business-eu/sustainability-due-diligence-responsible-business/corporate-social-responsibility-csr_en

[15] Faller, C., & Knyphausen-Aufseß, zu D. (2018). Does Equity Ownership Matter for Corporate Social Responsibility? A Literature Review of Theories and Recent Empirical Findings, Journal of Business Ethics, 150, 15-40

[16] Fama, E., & Jensen, M. (1983). Separation of Ownership and Control. Journal of Law and Economics, 26(2), 301-325.

[17] Freeman, R. (1984). 『Strategic Management: A Stakeholder Approach』, Cambridge University Press.

[18] Freeman, R., J. Harrison, & Wicks, A. (2007). 『Managing for Stakeholders: Survival, Reputation, and Success』, Yale University Press.

[19] Friede, G., Busch, T. & Bassen, A. (2015). ESG and Financial Performance: Aggregated Evidence from More Than 2000 Empirical Studies, Journal Sustainable Finance and Investment, 5(4), 210-233.

[20] Gillan, S., A. Koch, & Starks, L. (2021), Firms and Social Responsibility: A Review of ESG and CSR Research in Corporate Finance, 66, 1-16.

[21] Jensen, M., & Meckling, W. (1976). Theory of The Firm: Managerial Behavior, Agency Costs, and Ownership Structure. Journal of Financial Economics, 3(4), 305-360.

[22] Kavadis, N., & Thomsen, S. (2022). Sustainable Corporate Governance: A Review of Research on Long-term Corporate Ownership and Sustainability, Corporate Governance International Review, 31, 198-226

[23] La Porta, R., Lopez-De-Silances, F., Shleifer, A., & Vishny, R. (2002). Investor Protection and Corporate Valuation. Journal of Finances, 57(3), 1147-1170.

[24] Lemmon, M., & Lins, K. (2003). Ownership Structure, Corporate Governance and Firm Value: Evidence from The East Asian Financial Crisis. Journal of Finance, 58(4), 1445-1468.

[25] Ryu, H., Chae, S., & Cho, M. (2017). The Control Ownership Wedge and Corporate Social Responsibility: Evidence from Korean Business Groups (Chaebols), Global Business and Financial Review, 22(4), 15-29

[26] Singh, M., & Davidson, W. (2003). Agency Costs, Ownership Structure and Corporate Governance Mechanisms. Journal of Banking & Finance, 27(5), 793-816.

[27] Thomas Insights. (2019). A Brief History of Corporate Social Responsibility (CSR), 2019. 9. 25.

[28] UN Global Compact. (2004). 『Who Cares Wins: Connecting Financial Markets to a Changing World』.

[29] Villalonga, B., Tufano, P., Wang, B. (2025), Corporate Ownership and ESG Performance, Journal of Corporate Finance, 91, 1-32.

[30] Whelan, T., U. Atz, T. Van Holt & C. Clark. (2021). ESG and Financial Performance, NYU Stern

Business School.

제2부 안전한 일터, 지속가능한 성장의 조건인가?
– 근로자 안전 및 보건 수준이 기업 재무성과에 미치는 영향을 중심으로

1. 국내 문헌

[31]   권희봉, 이창호, 정재수. (2002). 기업의 안전경영성과가 경영성과에 미치는 영향 분석 연구. 대한안전경영과학회지, 4(2), 33-42.

[32]   김상식, 공하성 (2020) 안전보건경영시스템의 운영방침이 기업성과에 미치는 영향 : 전기공사업을 중심으로 , The Journal of the Convergence on Culture Technology (JCCT), 6:1, 135-145.

[33]   박기성. (2002). 소유 구조와 기업의 회계적 성과 및 Tobin-Q의 관계에 관한 연구. Asia-Pacific Journal of Financial Studies, 30, 297-326.

[34]   박선영. (2022). 산업재해가 에너지 기업의 경영성과에 미치는 영향 분석. 자원환경경제연구, 31(4), 693-710.

[35]   이백현, 정수일. (2008). 산업안전보건경영 활동이 기업경영에 미치는 영향에 대한 실증적 연구. 대한안전경영과학회지, 10(3), 9-17.

[36]   전용일, 김동하, 백희정. (2020). 산업재해 손실비용의 추정을 통한 하인리히의 직·간접비용 비율의 검증. Crisisonomy, 16(1), 121-132.

[37]   조신, 조지형, 정우진. (2018). 기업 소유구조가 수익성에 미치는 영향: 유가증권시장과 코스닥시장 상장기업 비교를 중심으로. 기업경영연구, 25(1), 53-80.

2. 해외 문헌

[38]   Amponsah-Tawiah, K., Ntow, M. A. O., & Mensah, J. (2016). Occupational health and safety management and turnover intention in the Ghanaian mining sector. Safety and Health at Work, 7(1), 12-17.

[39]   Bautista-Bernal, I., Quintana-García, C., & Marchante-Lara, M. (2024). Safety culture, safety performance and financial performance. A longitudinal study. Safety science, 172, 106409.

[40]   Chairani, C., & Siregar, S. V. (2021). The effect of enterprise risk management on financial performance and firm value: the role of environmental, social and governance performance. Meditari Accountancy Research, 29(3), 647-670.

[41]   Chung, J., Kim, J. H., Lee, J. Y., Kang, H. S., Lee, D. W., Hong, Y. C., & Kang, M. Y. (2022). The association between occupational stress level and health-related productivity loss among Korean employees. Epidemiology and health, 45, e2023009.

[42] Estudillo, B., Carretero-Gómez, J. M., & Forteza, F. J. (2024). The impact of occupational accidents on economic Performance: Evidence from the construction. Safety Science, 177, 106571.

[43] Fernández-Muñiz, B., Montes-Peón, J. M., & Vázquez-Ordás, C. J. (2009). Relation between occupational safety management and firm performance. Safety science, 47(7), 980-991.

[44] Forteza, F. J., Carretero-Gomez, J. M., & Sese, A. (2017). Occupational risks, accidents on sites and economic performance of construction firms. Safety science, 94, 61-76.

[45] Kabir, Q.S., Watson, K. and Somaratna, T. (2018), "Workplace safety events and firm performance", Journal of Manufacturing Technology Management, 29(1), 104-120.

[46] Kim, D. K., & Park, S. (2021). An analysis of the effects of occupational accidents on corporate management performance. Safety science, 138, 105228.

[47] Kundu, S. C., Yadav, B., & Yadav, A. (2016). Effects of safety climate, safety attitude, and safety performance on firm performance: a study of an automobile firm. Int. J. Bus. Manag, 11, 135-147.

[48] Müller, S., Kuhn, E., Buyx, A., & Heidbrink, L. (2021). Do consumers care about work health issues? A qualitative study on voluntary occupational health activities and consumer social responsibility. Business and Society Review, 126(2), 169-191.

[49] Sancak, I. E. (2023). Change management in sustainability transformation: A model for business organizations. Journal of Environmental Management, 330, 117165.

[50] Yang, M., & Maresova, P. (2020). Adopting occupational health and safety management standards: the impact on financial performance in pharmaceutical firms in China. Risk management and healthcare policy, 1477-1487.

[51] Zhang, X., Liu, S., Mei, Q., & Zhang, J. (2023). The influence of work safety information disclosure on performance of listed companies in high-risk industries: Evidence from Shenzhen stock Exchange. Heliyon, 9(10).

3. 언론 기사

[52] United Safety. (2025). The ESG-Safety Connection: Why Sustainability is the Next Frontier in Workplace Safety. https://www.unitedsafety.net/uslblog/2025/03/the-esg-safety-connection-why-sustainability-is-the-next-frontier-in-workplace-safety/

1. 국내 문헌

[1]　　국가통계연구원. (2025). 한국의 SDG 이행보고서. 통계청.

[2]　　통계청(KOSIS) 국가통계포털

[3]　　성효용. (2020). 여성이사 할당제의 경제적 효과분석. 여성경제연구, 17(2), 19-37.

[4]　　엘라 F, 워싱턴. (2023). 다정한 조직이 살아남는다

[5]　　최낙현. (2024). 직원 젠더다양성과 젠더형평성이 기업가치에 미치는 영향. *관리회계연구*, *24*(3), 35-68.

[6]　　최종원, 문승환. (2024). 이사회 다양성이 ESG 성과에 미치는 영향: 사외이사의 성별 다양성, 국적 다양성, 연령 다양성, 전문성의 다양성을 중심으로. 관리회계연구, 24(1), 63-101.

2. 해외 문헌

[7]　　Adams, R. B., & Ferreira, D. (2009). Women in the boardroom and their impact on governance and performance. Journal of Financial Economics, 94(2), 291-309.

[8]　　Ahern, K. R., & Dittmar, A. K. (2012). The changing of the boards: The impact on firm valuation of mandated female board representation. Quarterly Journal of Economics, 127(1), 137-197.

[9]　　An, S., & Lee, S. Y. (2022). The impact of gender diversity and disparity on organizational performance: Evidence from Korean local government-owned enterprises. *Review of Public Personnel Administration*, 42(3), 395-415.

[10]　　Bae, K. B., & Skaggs, S. (2019). The impact of gender diversity on performance: The moderating role of industry, alliance network, and family-friendly policies - Evidence from Korea. Journal of Management & Organization, 25(6), 896-913.

[11]　　Becker, G. S. (1964). Human Capital: A Theoretical and Empirical Analysis with Special Reference to Education (First ed.). NBER https://www. nber.org/books-and-chapters/human-capital-theoretical-and-empirica l-analysis-special-reference-education-first-edition

[12]　　Cho, Y., Kim, S., You, J., Moon, H., & Sung, H. (2021). Application of ESG measures for gender diversity and equality at the organizational level in a Korean context. European Journal of Training and Development, 45(4/5), 346-365.

[13]　　DiMaggio, P. J., & Powell, W. W. (1983). The iron cage revisited: Institutional isomorphism and collective rationality in organizational fields. *American sociological review*, *48*(2), 147-160.

[14]　　Eagly, A. H. (1987). Sex differences in social behavior: A social-role interpretation. Lawrence Erlbaum.

[15] Eckbo, B. E., Nygaard, K., & Thorburn, K. S. (2022). Valuation effects of Norway's board gender-quota law revisited. Management Science, 68(6), 4112-4134.

[16] Freeman, R. E. (1984). Strategic management: A stakeholder approach. Pitman Publishing Inc.

[17] Fried, J. M. (2021). Will Nasdaq's diversity rules harm investors? Harvard Business Law Review Online, 12, art. 1. Retrieved from https://www.hblr.org

[18] Gaio, L. E., Lucas, A. C., Junior, J. H. P., & Belli, M. M. (2024). Gender diversity in management and corporate financial performance: A systematic literature review. *Corporate Social Responsibility and Environmental Management, 31*(5), 4047-4067.

[19] Greene, D., Intintoli, V. J., & Kahle, K. M. (2020). Do board gender quotas affect firm value? Evidence from California Senate Bill No. 826. Journal of Corporate Finance, 60, 101526.

[20] Hambrick, D. C., & Mason, P. A. (1984). Upper echelons: The organization as a reflection of its top managers. *Academy of management review, 9*(2), 193-206.

[21] Jensen, M. C., & Meckling, W. H. (1976). Theory of the Firm. *Managerial behavior, agency costs and ownership structure, 3*(4), 305-360.

[22] Johnston, W. B. (1987). *Workforce 2000: Work and workers for the 21st century.* Hudson Institute.

[23] Kanter, R. M. (1977). Men and Women of the Corporation. *Basic Book.*

[24] Matsa, D. A., & Miller, A. R. (2013). A female style in corporate leadership? Evidence from quotas. American Economic Journal: Applied Economics, 5(3), 136-169.

[25] Meyer, J. W., & Rowan, B. (1977). Institutionalized organizations: Formal structure as myth and ceremony. *American journal of sociology, 83*(2), 340-363.

[26] Salancik, G. R., & Pfeffer, J. (1978). A social information processing approach to job attitudes and task design. *Administrative science quarterly,* 224-253.

[27] Schelling, T. C. (1971). Dynamic models of segregation. *Journal of mathematical sociology, 1*(2), 143-186.

[28] Tajfel, H., & Turner, J. C. (1986). The social identity theory of intergroup behavior. In S. Worchel & W. G. Austin (Eds.), Psychology of intergroup relation (pp. 7-24). Hall Publishers.)

기업의 ESG 성과와
지속 가능성

초판인쇄 2025년 11월 28일
초판발행 2025년 11월 28일

지 은 이 조신 · 이건우 · 김미경
펴 낸 이 채종준
펴 낸 곳 한국학술정보(주)
주   소 경기도 파주시 회동길 230(문발동)
전   화 031-908-3181(대표)
팩   스 031-908-3189
투고문의 ksibook1@kstudy.com
등   록 제일산-115호(2000. 6. 19)

ISBN   979-11-7457-485-5 93500